この本の特色としくみ

本書は，中学2年のすべての内容を3段階のレベルに分け，それらをステップ式で学習できる問題集です。各単元は，Step1(基本問題)とStep2(標準問題)の順になっていて，数単元ごとにStep3(実力問題)があります。また，巻末には「総仕上げテスト」を設けているため，復習と入試対策にも役立ちます。

重要点をつかもう
各単元の重要項目を簡潔にまとめています。まずはここを読んで理解しましょう。

図解チェック⚡
図表を用いた空所補充問題を設けています。

くわしく
より深く理解するために参考となる内容をまとめています。

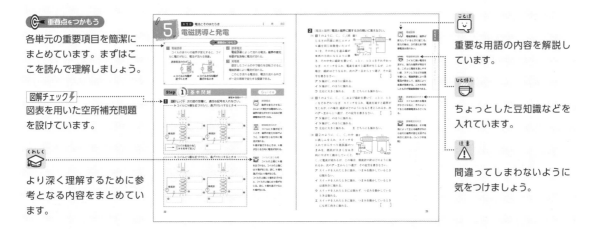

ことば
重要な用語の内容を解説しています。

ひと休み
ちょっとした豆知識などを入れています。

注意⚠
間違ってしまわないように気をつけましょう。

もくじ

本書に関する最新情報は，小社ホームページにある本書の「サポート情報」をご覧ください。(開設していない場合もございます。)
なお，この本の内容についての責任は小社にあり，内容に関するご質問は直接小社におよせください。

回路と電流・電圧・抵抗

🎯 重要点をつかもう

1 回　路

電流が，電源の＋極（プラス）から出て－極（マイナス）にもどる道筋をいう。

- 1本の道筋を**直列回路**，枝分かれした道筋を**並列回路**という。
- 回路は，電気用図記号を使って表す。

2 電　流

回路に流れる電気の量を電流の大きさ I（単位：A（アンペア））という。

- **電流計**は回路に直列につなぐ。
- 直列回路では，電流の大きさはどこも等しい。並列回路では，各部分を流れる電流の和が全体の電流の大きさになる。

3 電　圧

電流を流そうとするはたらきを電圧 V（単位：V（ボルト））という。

- **電圧計**は測定する部分に並列につなぐ。
- 直列回路では，各部分の電圧の和が全体の電圧の大きさになる。並列回路では電圧の大きさはどこも等しい。

4 オームの法則

- 電流の流れにくさを抵抗（ていこう） R（単位：Ω（オーム））という。
- 電流の大きさは電圧に比例する。
- **電圧 V〔V〕＝電流 I〔A〕×抵抗 R〔Ω〕**
- 1Vの電圧を加えたとき，1Aの電流が流れる抵抗の値は1Ωである。

Step 1 基本問題

解答▶別冊1ページ

1 図解チェック⚡ 次の図の空欄（くうらん）に，適当な語句，記号を入れなさい。

▶電気用図記号◀

① ② ③ ④ ⑤ ⑥

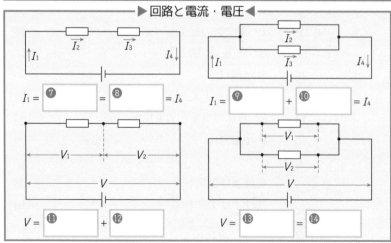

▶回路と電流・電圧◀

$I_1 = $ ⑦ $ = $ ⑧ $ = I_4$

$I_1 = $ ⑨ $ + $ ⑩ $ = I_4$

$V = $ ⑪ $ + $ ⑫

$V = $ ⑬ $ = $ ⑭

Guide

注意 ⚠ ■回路と電流

　直列回路では，回路を流れる電流は，どの点でも同じ大きさになる。

並列回路では，枝分かれした各部分の電流の和が，電源から流れ出る電流の大きさになる。

■回路と電圧

直列回路では，各抵抗にかかる電圧の和が電源の電圧の大きさになる。

並列回路では，各抵抗にかかる電圧の大きさは，電源の電圧の大きさに等しい。

ことば 😊 抵　抗

　電流の流れにくさを示し，単位はΩ（オーム）を用いる。

2 [電流の測定] 次の(1), (2)の問いに答えなさい。

(1) 電熱線に加える電圧とそれに流れる電流を調べるために，次のような実験を行った。あとの①～③の問いに答えなさい。

実験Ⅰ 図1のような回路をつくり，電源装置で電熱線Ⅹに加える電圧を 1.0 V，2.0 V，3.0 V，…，6.0 V と変化させ，そのときの電流を測定した。

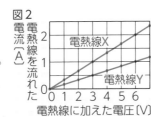
図1
電源装置
電熱線Ⅹ
電流計
電圧計

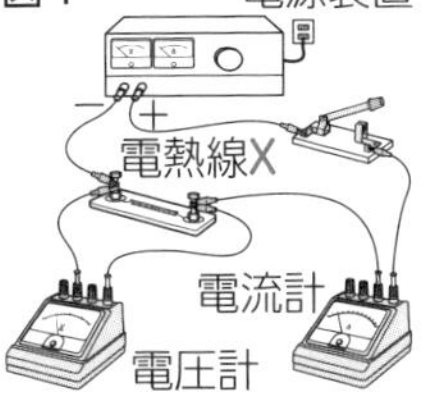

実験Ⅱ いったん電圧を 0 Ｖにもどし，電熱線Ⅹを電熱線Ｙに変えて，実験Ⅰと同様に電流を測定した。

実験Ⅲ 結果を図2のグラフに表した。

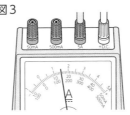
図2
電流〔A〕
電熱線を流れた
電熱線Ⅹ
電熱線Ｙ
電熱線に加えた電圧〔V〕

①電源装置の電圧をある大きさにしたとき，電流計の指針が図3のように振れた。電流計の5Aの－端子につないでいるとき，測定した電流の大きさは何Ａか，読みとりなさい。

[   ]

図3

②次の文章は，電気抵抗についてまとめたものである。a，bに入る適切な言葉の組み合わせを，下のア～エから1つ選び，記号で答えなさい。

> 電流の流れ | a | を表す量を電気抵抗という。電気抵抗の値は，1Aの電流を流すのに必要な電圧の値となり，図2のグラフの傾きが | b | 方が，電気抵抗が大きい。

ア a：やすさ　b：大きい　　**イ** a：やすさ　b：小さい
ウ a：にくさ　b：大きい　　**エ** a：にくさ　b：小さい

[   ]

③電熱線Ⅹの電気抵抗は何Ωか，求めなさい。

[   ]

(2) 実験で使った電熱線Ⅹ，Ｙを使って図4のような回路をつくり，a点に1Aの電流が流れるようにした。電熱線Ⅹ，Ｙに加わる電圧の和は何Ｖか，求めなさい。

[   ] [宮崎－改]

図4

1A
電熱線Ｙ　電熱線Ⅹ　a

第1章
第2章
第3章
第4章
総仕上げテスト

くわしく 電流計・電圧計の接続

①電流計は回路に直列に接続する。測定する部分にどれだけ電流が流れているかを調べる。

②電圧計は回路に並列に接続する。抵抗などの両側で，電流を流そうとするはたらき(電圧)がどれくらいの大きさかを調べる。

注意 電流計・電圧計の端子

①電流計，電圧計の－端子は，大きな電流・電圧が測定できるもの(5 A，300 V)から接続する。

②数値を読みとるときは，接続した－端子の値に注意する。例えば5Aの端子に接続して針が最大値をさしていたら，電流の大きさは5Aということになる。

ことば オームの法則

電流の強さを I〔A〕，電圧の大きさを V〔V〕，抵抗の大きさを R〔Ω〕としたとき，次の式が成り立つ。

$$V〔V〕= I〔A〕\times R〔Ω〕$$
$$I〔A〕= \frac{V〔V〕}{R〔Ω〕}$$
$$R〔Ω〕= \frac{V〔V〕}{I〔A〕}$$

また，直列回路と並列回路の合成抵抗を R〔Ω〕とし，各抵抗を R_1，R_2 とすると，

直列回路：$R = R_1 + R_2$
並列回路：$\frac{1}{R} = \frac{1}{R_1} + \frac{1}{R_2}$

Step 2 標準問題

1 ［オームの法則］次の回路の，電圧の大きさ V，電流の大きさ I，抵抗の大きさ R を求めなさい。

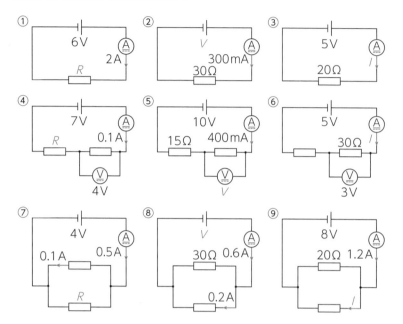

1 (7点×9−63点)

①抵抗 R
②電圧 V
③電流 I
④抵抗 R
⑤電圧 V
⑥電流 I
⑦抵抗 R
⑧電圧 V
⑨電流 I

2 ［電圧の測定］図1の回路の電熱線にかかる電圧を測定しようとしている。かかる電圧の大きさが予測できないときには，まず最初にクリップ A，B を，図2の電圧計の端子にそれぞれどのようにつなぐか。図3のア〜エのうちから適当なものを1つ選び，記号を答えなさい。

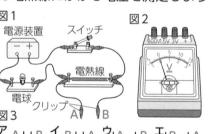

〔岩手ー改〕

2 (6点)

3 ［電流と電圧］電流と電圧の関係について調べるために，次の実験を行った。これについて，あとの問いに答えなさい。

操作1 電熱線とスイッチを電源装置につなぎ，電熱線の両端にかかる電圧の大きさと流れる電流の大きさを測定した。

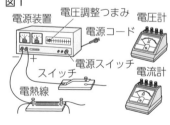

図1はその回路の一部を示したものである。また，図2の直線aはその結果をグラフに表したものである。

操作2　図1の電熱線をはずし，図3のように，操作1と同じ電熱線を2つ並列に接続して，図1の回路にとりつけ，全体にかかる電圧の大きさと流れる電流の大きさを測定した。図2の直線bはその結果をグラフに表したものである。

操作3　操作2でとりつけた電熱線をはずし，図4のように，操作1と同じ電熱線を2つ直列に接続して，図1の回路にとりつけ，操作2と同様の測定を行った。

図2

図3

図4

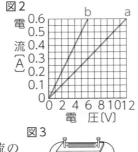

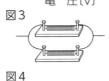

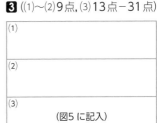

重要

(1) 操作1～3を行うときに注意することとして適当なものを次の**ア**～**エ**から1つ選び，記号で答えなさい。

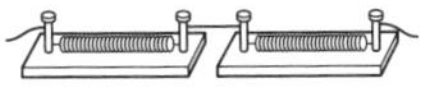

ア 電源装置から電流が流れていることを確かめるためには，電流計を直接，電源装置につないで，針が振(ふ)れることによって確かめる。

イ 電源装置を使うときは，すぐに実験ができるように，電源調整つまみを0よりも大きい値にあわせておき，スイッチが入っていることを確かめてから，電源コードをコンセントにつなぐようにする。

ウ 電流計の－端子(マイナスたんし)が，5 A，500 mA，50 mAと3つあるときは，小さい電流でも測定できるように，まず50 mAの端子を選ぶようにする。

エ 電圧計の－端子が，300 V，15 V，3 Vと3つあるときは，電圧計がこわれないように，まず300 Vの端子を選ぶようにする。

(2) 操作2における全体の抵抗(ていこう)の値は，操作1の抵抗の値の何倍になるか。図2のグラフを参考にして答えなさい。

(3) 操作3における電圧の大きさと電流の大きさの関係を表すグラフを図5に描(か)きなさい。

図5

3 ((1)～(2)9点，(3)13点－31点)

(1)	
(2)	
(3)	(図5に記入)

ワンポイント

(3) 直列回路の全体の抵抗の値は，それぞれの抵抗の値の和となる。

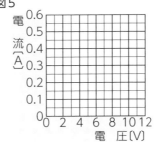

2 電流の利用

🎯 重要点をつかもう

1 電力

電流が一定時間に光や熱などを発生したり，物体を動かしたりするはたらきを表した量。

- 電力 P（上昇温度・発熱量など）は，電流の大きさ，電圧の大きさに比例する。
- 電圧 V〔V〕と電流 I〔A〕の積を**電力 P** という。単位は W（**ワット**）である。
- **電力 P〔W〕=電圧 V〔V〕×電流 I〔A〕**
  $$= I^2R = \frac{V^2}{R}（R の単位は〔Ω〕）$$

2 電力量

電流を通して生じたはたらきの総量。

- 電力量 Q は電力（P）と時間（t）に比例する。
- 1 W の電力で 1 秒間電流を流したときの電力量は，1 J（ジュール）である。
- **電力量 Q〔J〕=電圧 V〔V〕×電流 I〔A〕×時間 t〔s〕**
- 1 g の水の温度を 1℃上昇させるのに必要な熱量を 1 cal（カロリー）とよぶ。
  1 cal＝約 4.2 J

Step 1 基本問題

Guide

解答▶別冊1ページ

1 図解チェック⚡ 次の図の空欄に，適当な語句を入れなさい。

▶電流による発熱◀

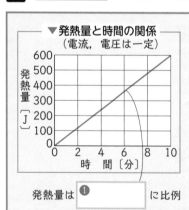

発熱量は ❶ □ に比例

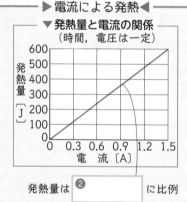

発熱量は ❷ □ に比例

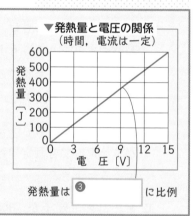

発熱量は ❸ □ に比例

▶回路と電力◀

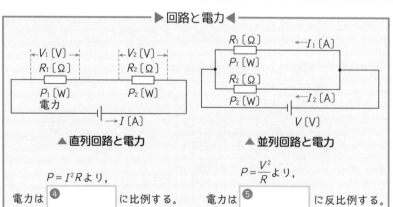

▲直列回路と電力

$P = I^2R$ より，
電力は ❹ □ に比例する。

▲並列回路と電力

$P = \frac{V^2}{R}$ より，
電力は ❺ □ に反比例する。

 くわしく
ジュールの法則
電流による発熱量は，
①時間 ②電流 ③電圧
に比例する。

2 [電流による発熱] 図1のような装置をつくり，電流による発熱について調べた。この実験装置に用いた電熱線1，2はそれぞれ6V－9W，6V－6Wの電熱線である。電源装置の電圧を6Vにして，以下の実験を行った。これについて，あとの問いに答えなさい。

図1
温度計
電源装置
ガラス棒
X
S₁ S₂
(A)
電熱線1
Y
Z
電熱線2
水

ただし，電熱線で発生した熱はすべて水の温度上昇に使われたものとする。

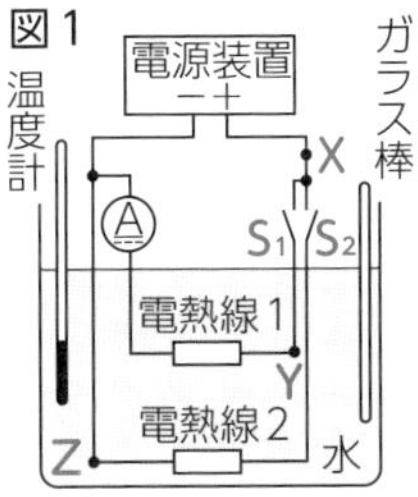

図2
上昇した水温〔℃〕
10
5
0   5   10
電流を流した時間〔分〕

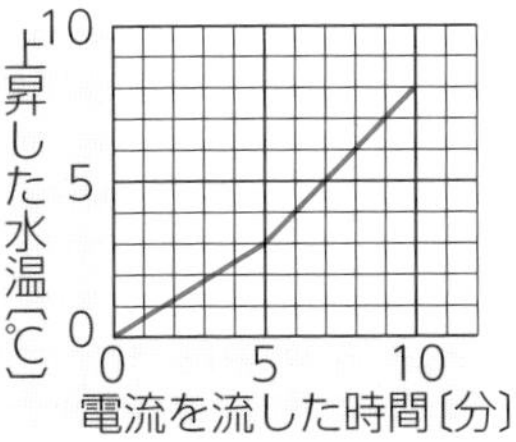

実験1 ①はじめにS₁を5分間入れた。
②次に，S₁を入れたままで，さらにS₂を5分間入れた。

実験2 ①はじめにS₂を5分間入れた。
②次に，S₂を入れたままで，さらにS₁を5分間入れた。

いずれの実験でも，水をかき混ぜながら，電流を流した時間と水温を調べた。図2は，実験1の結果をグラフにしたものである。

(1) 実験1の①のときには，電熱線1に1.5Aの電流が流れていた。電熱線1の電気抵抗は何Ωか，答えなさい。 [   ]

(2) 実験1の②のときに，図のX，Y，Zを流れる電流の大きさを，それぞれI_X，I_Y，I_Zとする。I_Zを，I_X，I_Yを用いた式で表しなさい。 [   ]

上昇した水温〔℃〕
10
5
0   5   10
電流を流した時間〔分〕

(3) 実験2の結果を表すグラフを，右の図に描き入れなさい。 〔富山－改〕

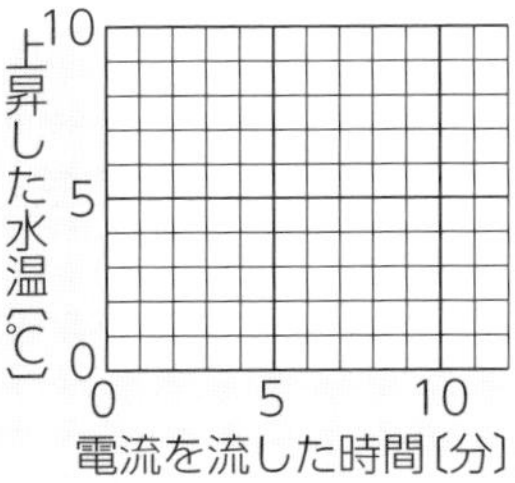

3 [電　力] 抵抗値の異なる電熱線を2個ずつ用意し，右の図のような回路をつくった。水槽1と水槽3，水槽2と水槽4にはそれぞれ同じ抵抗値の電熱線が入っている。電源は3.0Vで，電熱線は同じ量の水につけてあり，水温を調べることができる。水槽1と水槽2の上昇温度の比は1：2で，電流計の読みは0.50Aだった。熱は電熱線からすべて水に伝わるものとして，次の問いに答えなさい。

3.0V
水槽1
(A)
水槽2
水槽3　水槽4

(1) 水槽1と水槽2の電熱線の抵抗値の比はいくらですか。

[水槽1の抵抗：水槽2の抵抗＝　　：　　]

(2) 水槽1の電熱線の電力は何Wですか。 [   ] 〔愛光高〕

注意 発熱量と電力
発熱量は電力に比例する。
発熱量 Q〔J〕
＝電力 P〔W〕×時間 t〔s〕

ことば カロリー
日常生活で用いる熱量の単位として，カロリー(cal)がある。
1 cal は，水1gの温度を1℃上げるのに必要な熱の量で，これは約4.2Jにあたる。

くわしく 電力の異なる電球の明るさ
電力の大きい電球ほど明るくつき，発生する熱も多い。電球の大きさも電力の大きいものほど大きく，消費する電気の量も大きくなっている。

注意 回路と発熱量
直列回路では，時間と電流が一定。発熱量は電圧の大きさに比例する。並列回路では，時間と電圧が一定。発熱量は電流の大きさに比例する。

くわしく 発熱量と温度
熱量は物体の温度を変化させるのに必要なエネルギーの大きさである。
同じ熱量を与えても，物体の質量が大きければ，熱が分散されるので，温度は上がりにくい。

Step 2 標準問題 ①

解答▶別冊2ページ

1 [電流・電圧と抵抗] 抵抗を流れる電流や，抵抗で消費する電力について調べるために，図に示すような，3.0 Vの電源に300 Ωの抵抗A，200 Ωの抵抗Bを並列につないだ回路をつくった。これについて，次の問いに答えなさい。

1 (10点×4－40点)

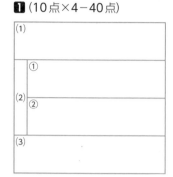

(1) 図の回路について，抵抗Aに流れる電流とかかる電圧を測定するための回路図として，適当なものは，次のどれか。**ア～エ**から選び，記号で答えなさい。なお，電流計を Ⓐ，電圧計を Ⓥ で表している。

ア　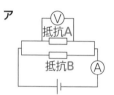　イ　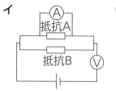　ウ　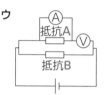　エ

(2) 図の回路の抵抗A，Bに流れる電流と消費する電力について記した次の文章の①，②に，大きい，小さいのいずれかを入れ，文章を完成させなさい。ただし，同じ語句を2度用いてもよい。

> 抵抗Aに流れる電流は，抵抗Bに流れる電流より　①　。また，抵抗Aで消費する電力は，抵抗Bで消費する電力より　②　。

(3) 図のように抵抗Aと抵抗Bを並列につないだ回路全体の抵抗は何Ωですか。

〔長崎－改〕

2 [電流による発熱] 電流による発熱について調べるために，電圧の一定な電源装置，抵抗の値のわからない電熱線A，抵抗の値が10 Ωの電熱線B，2つのスイッチ S_1, S_2, 電流計，電圧計を用いて，次の実験Ⅰ，Ⅱ，Ⅲを順に行った。これについて，あとの問いに答えなさい。ただし，電熱線で発生した熱はすべて水の温度上昇に使われるものとする。

2 (9点×4－36点)

(1)
関係
(2) V_1
(3)

実験Ⅰ　図1のような回路をつくり，水の入った，熱を伝えにくい容器に電熱線Aと電熱線Bを入れ，スイッチ S_1 のみを入れて電流を流した。このとき，電圧計は4 V，電流計は0.8 Aを示していた。

実験Ⅱ　ガラス棒を用いて水をかき混ぜながら，水の温度を6分間測定した。図2はその結果をグラフに表したものである。

実験Ⅲ 電流を流しはじめてから6
分後に，スイッチS_1を切ると同
時にスイッチS_2を入れ，ガラス
棒で水をかき混ぜながら，さらに
電流を6分間流し続けた。

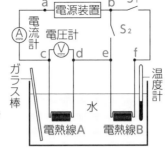
図1

図2

(1) 電熱線Aの抵抗の値は何Ωですか。

(2) 実験Ⅰで，回路ab間の電圧をV_1，
cd間の電圧をV_2，ef間の電圧をV_3としたとき，V_1，V_2，V_3
の関係を正しく表しているものを次の**ア〜エ**から選び，記号で
答えなさい。また，V_1の値は何Vですか。

ア $V_1 + V_2 = V_3$

イ $V_1 = V_2 + V_3$

ウ $V_1 + V_3 = V_2$

エ $V_1 = V_2 = V_3$

┃ワンポイント┃

(2)回路は直列回路になって
おり，電熱線Aにかかる
電圧と電熱線Bにかかる
電圧の和が，電源装置の
電圧になる。

(3) 実験Ⅱ，Ⅲで，電流を流しはじめてからの時間と水の温度との
関係を表したグラフは次の**ア〜エ**のどれですか。

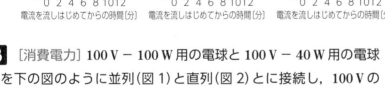
ア   イ   ウ   エ

3 [消費電力] 100 V − 100 W用の電球と100 V − 40 W用の電球
を下の図のように並列(図1)と直列(図2)とに接続し，100 Vの
電源につないだ。これについて，次の問いに答えなさい。

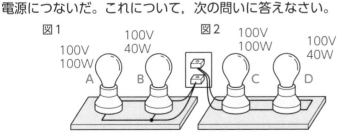
図1   図2

(1) 100 V − 40 W用の電球の抵抗の大きさはいくらですか。

(2) 電球Cを流れている電流の大きさは何Aか，四捨五入して小
数第1位まで求めなさい。

(3) 図1，図2のA〜Dの電球を明るいものから順に並べなさい。

(4) 図2の回路全体での消費電力はおよそいくらですか。

3 (6点×4−24点)

(1)	
(2)	
(3)	→ → →
(4)	

┃ワンポイント┃

(3)並列回路では大きい電
流が流れるほうが，直
列回路では大きい電圧
がかかるほうが，電球
は明るい。

Step 2 標準問題 ②

解答▶別冊2ページ

重要 **1** ［電流と発熱］電熱線の発熱について調べるために，次の実験を行った。これについて，あとの問いに答えなさい。ただし，室温はつねに一定であるものとする。

実験 右の図のように，電気抵抗の大きさが 10 Ω の電熱線，スイッチ，電源装置を接続し，熱を伝えにくい発泡ポリスチレンのコップに，水温が室温と等しい水 100 g，電熱線，温度計を入れる。電熱線に加える電圧の大きさを 10 V に調節してからスイッチを入れ，コップ内の水をゆっくりとかき混ぜながら 60 秒ごとに 300 秒間水温を測定する。

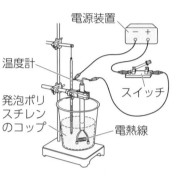

1 (10点×4－40点)

(1)	
(2)	
(3)	
(4)	→　　　→　　　→

ワンポイント
(2) 発熱量〔J〕は，電力〔W〕に時間〔s〕をかけて求める。

結果

時間〔s〕	0	60	120	180	240	300
水温〔℃〕	21.4	22.8	24.2	25.6	27.0	28.4

(1) 結果から考えて，このまま加熱を続けた場合，スイッチを入れてから 420 秒後の水温は何℃になるか，求めなさい。ただし，300 秒以降も水温の上昇する割合は変わらないものとする。

(2) この実験のとき，300 秒間の電熱線の発熱量は何 J になるか，求めなさい。

(3) 電熱線の抵抗を 10 Ω から 20 Ω に変えてこの実験を行ったとき 300 秒間の電熱線の発熱量は何 J になるか，求めなさい。

(4) 電熱線の電気抵抗の大きさと電熱線に加える電圧の大きさを次の**ア～エ**のように変えて，他の条件は変えずに実験を行った。このとき，**ア～エ**を，スイッチを入れてから 300 秒後の水温が高かったものから順に並べかえ，記号で答えなさい。

　ア 電熱線を電気抵抗の大きさが 20 Ω のものに取りかえて，電熱線に加える電圧の大きさを 20 V に調節する。

　イ 電熱線を電気抵抗の大きさが 20 Ω のものに取りかえて，電熱線に加える電圧の大きさを 5 V に調節する。

　ウ 電熱線を電気抵抗の大きさが 5 Ω のものに取りかえて，電熱線に加える電圧の大きさを 20 V に調節する。

　エ 電熱線を電気抵抗の大きさが 5 Ω のものに取りかえて，電熱線に加える電圧の大きさを 5 V に調節する。　　　　〔京都－改〕

2 [発熱量] 電熱線の発熱について調べるために，次の実験を行った。これについて，次の問いに答えなさい。

実験Ⅰ　図1のような装置で，コップに水を入れてしばらく置いた後，水の温度を測定した。次に，スイッチを入れて電熱線a（6V－8W）に6Vの電圧を加えて，ときどき水をかき混ぜながら，1分ごとに5分までの水温を測定した。

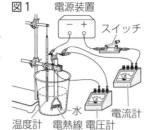

図1

実験Ⅱ　電熱線aのかわりに電熱線b（6V－4W）を用いて，実験Ⅰと同様の操作を行った。

実験Ⅲ　電熱線aのかわりに電熱線c（6V－2W）を用いて，実験Ⅰと同様の操作を行った。

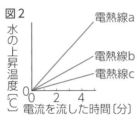

図2

図2は，実験Ⅰ～Ⅲにおいて，電流を流した時間と水の上昇温度の関係を，グラフに表したものである。

(1) 実験Ⅰの回路図を，下の枠内に描きなさい。ただし，次の記号を用いること。

電熱線　スイッチ　電源　電流計　電圧計

(2) 図2のグラフからわかることについて，次の①，②の問いに答えなさい。

　①1つの電熱線に着目した場合の，電流を流した時間と水の上昇温度の関係について，簡潔に書きなさい。

　②3つの電熱線を比較した場合の，電熱線の消費電力と一定時間における水の上昇温度の関係について，簡潔に書きなさい。

(3) 実験Ⅰで，電熱線aから5分間に発生する熱量はいくらか，求めなさい。

〔群馬－改〕

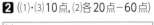

2 ((1)・(3)10点,(2)各20点－60点)

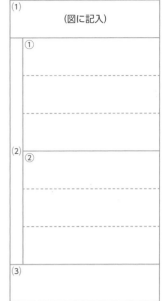

(1)
（図に記入）
①
②
(3)

ワンポイント

(1)電流計は回路に直列につなぎ，電圧計は回路に並列につなぐ。

3. 静電気と電流

重要点をつかもう

1 静電気

異なる物質を互いに摩擦すると，それぞれ違う種類の電気（＋の電気と－の電気）をもつ。この電気を**静電気**という。

- 同じ種類の電気は反発しあい，＋の電気と－の電気は引きあう。

毛皮
エボナイト棒
摩擦する
－の電気を帯びる
＋の電気を帯びる

2 導体と不導体（絶縁体）

金属など電流が流れるものを**導体**といい，プラスチック，ゴムなど電流が流れないものを**不導体**（または**絶縁体**）という。

3 放電

空気に高い電圧をかけると**放電**が起こり，電流が流れる。真空ポンプで放電管の中の空気を抜くと，**真空放電**が起こり，離れた場所でも電流が流れる。

4 陰極線（電子線）

真空に近づけて真空放電を行うと，放電管の＋極側のガラス壁が黄緑色に光る。このとき，－極から出ているものを**陰極線（電子線）**という。陰極線は－の電気を帯びた粒子で，**電子**とよぶ。

5 電流の正体

電源の－極から出て回路を流れ，＋極にもどる電子の流れである。

Step 1 基本問題

解答▶別冊3ページ

1 図解チェック⚡ 次の図の空欄に，適当な語句，記号を入れなさい。

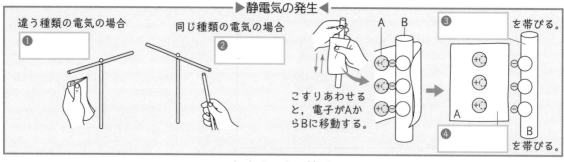

▶静電気の発生◀

違う種類の電気の場合 ①

同じ種類の電気の場合 ②

こすりあわせると，電子がAからBに移動する。

③ を帯びる。

④ を帯びる。

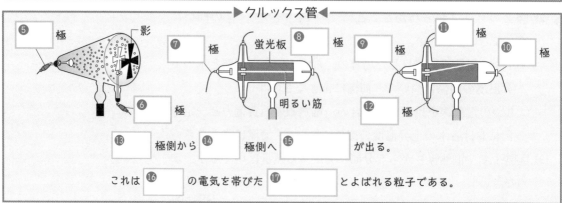

▶クルックス管◀

⑤ 極 　影

⑥ 極

⑦ 極 　蛍光板 　⑧ 極 　明るい筋

⑨ 極 　⑪ 極 　⑩ 極

⑫ 極

⑬ 極側から ⑭ 極側へ ⑮ が出る。

これは ⑯ の電気を帯びた ⑰ とよばれる粒子である。

2 [静電気] 図1のようにストロー Aをティッシュペーパーでこすり，図2のように虫ピンで固定した。次の実験について，あとの問いに答えなさい。

図1
ティッシュペーパー
ストローA

図2
消しゴム
虫ピン X Y
ストローA ストローB

実験 ①別のストローBをティッシュペーパーでこすり，ストローAに近づけた。

②こすったティッシュペーパーをストローAに近づけた。

(1) 実験の①でストローAはどうなるか。次のア〜ウから選び，記号で答えなさい。
　ア 図2のXのほうへ動く。　　イ 図2のYのほうへ動く。
　ウ どちらにも動かない。　　　　　　　　　　　[　　　]

(2) 実験の②でストローAはどうなるか。(1)のア〜ウから選び，記号で答えなさい。　　　　　　　　　　　　　　　[　　　]

(3) ストローAは−の電気を帯びていることがわかった。ティッシュペーパー，ストローBはどのような電気を帯びていますか。
　ティッシュペーパー[　　　] ストローB[　　　]

3 [陰極線] 図1〜図3のように，それぞれのクルックス管の電極a，bに誘導コイルをつなぎ，電極ab間に高い電圧をかけて電流を流した。次の文章の空欄にあてはまる語句や記号を書きなさい。

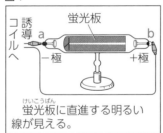
図1
誘導コイルへ
a 蛍光板 b
−極 ＋極
けいこうばん
蛍光板に直進する明るい線が見える。

図1と図2で，電極aから電極bへ向かってまっすぐ進んで

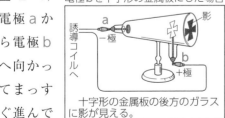
図2
電極bを十字形の金属板にした場合
a 影
誘導コイルへ
−極
b
＋極
十字形の金属板の後方のガラスに影が見える。

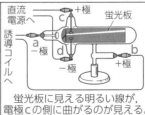
図3
電極cd間に電圧をかけた場合
直流電源へ
c ＋極
蛍光板
誘導コイルへ
a
−極 d −極
b
＋極
蛍光板に見える明るい線が，電極cの側に曲がるのが見える。

いるものを陰極線という。図3で，陰極線は[①　　　]の電気を帯びていることがわかる。陰極線は[①]の電気を帯びた非常に小さな粒子の流れである。この粒子を[②　　　]という。
りゅうし
　　　　　①[　　　] ②[　　　] 〔山梨−改〕

Guide

ことば **電子**
すべての物質の中にある，−の電気を帯びた粒子である。ごく小さい質量しかもたない。

ひと休み **静電気を起こしやすい物質**
ガラスや綿は＋の電気を帯びやすく，ポリエチレンや金属は−の電気を帯びやすい物質である。

注意 **静電気が起こりやすいとき**
別の物質を摩擦しあうと，いつでも静電気は起こる。しかし，空気が湿っていると，起こった静電気が空気中の水蒸気のほうに流れてしまうので，静電気が起きていないように見える。

くわしく **陰極線**
陰極線は，クルックス管などの放電現象に見られる電子の流れのことである。電子線ともよぶ。
陰極線が質量，電荷をもった粒子(電子)の流れであることは，クルックスや，トムソンの実験によって確かめられた。

注意 **電流と電子**
電子は−極から＋極に移動しているが，電流は＋極から−極に流れると決められている。

解答▶別冊3ページ

1 [はく検電器] ストローAとBを用意し，Aはティッシュペーパーでこすり，Bはこすらなかった。そして，それぞれのストローをはく検電器の金属に近づけると，はくが広がるときがあった。次の問いに答えなさい。

はく検電器
近づける。
金属板
ストロー
はく

(1) はく検電器のはくが広がったのは，ストローA，Bのどちらを近づけた場合か。すべて答えなさい。

(2) このとき生じた電気を，特に何とよびますか。

(3) 下の図は，ティッシュペーパーとストローのようすを模式的に表したものである。ストローはP，Qのどちらですか。

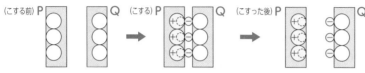

(4) はくが広がる理由を書いた次の文の[ ]に適語を入れなさい。
ストローから2枚のはくに[①]種類の電気が伝わってたまり，[②]力がはたらいたから。

(5) はくが広がっているとき，金属板に触れるとどうなりますか。

1 (5点×5−25点((4)完答))

(1)	
(2)	
(3)	
(4)	①
	②
(5)	

ワンポイント
(4) 同じ種類の電気どうしは反発しあい，違う種類の電気どうしは引きつけあう。

2 [金属と電子] 次の文章の[ ]の中に入る言葉を下から選び，記号で答えなさい。（ただし，記号は何度使ってもよい。）

金属はふつう[①]の電気も[②]の電気も帯びていないから，金属の中には[③]の[④]の電気を打ち消すだけの[⑤]の電気がなければならない。

金属中では[⑥]の電気を帯びた[⑦]が規則正しく並び，その間を多くの[⑧]が自由に動き回っていると考えられている。

金属に乾電池をつないで[⑨]を加えると，金属内の[⑩]は全体として乾電池の[⑪]極のほうへ引かれて移動する。この[⑫]の移動によって電流が生じる。

したがって，[⑬]が実際に移動する向きと[⑭]が流れる向きは[⑮]向きである。

ア 同じ　**イ** 原子　**ウ** ＋　**エ** 互いに逆　**オ** 電圧
カ 電極　**キ** 電子　**ク** 電流　**ケ** －

2 (3点×15−45点)

①	②
③	④
⑤	⑥
⑦	⑧
⑨	⑩
⑪	⑫
⑬	⑭
⑮	

重要 **3** [真空放電・電流の流れる向き] クルックス管を使っていくつか
の実験を行い，電流の流れる向きを調べた。次の問いに答えなさい。

図1

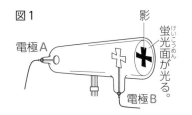

図2

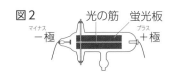

図3

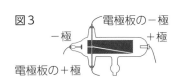

(1)	
(2)	
(3)	
(4)	
(5)	
(6)	

ワンポイント

(3) 光の筋は−の電気を帯
びていて，高い電圧がか
かったり，磁石を近づけ
たりすると，曲がる性質
をもっている。

(1) 図1は，電極Aと電極Bに高い電圧をかけたときのようすを
示している。このとき，電極Aは，＋極，−極のどちらですか。

(2) 図2の光の筋を，特に何とよびますか。

(3) 図3は，図2の光の筋の途中に高い電圧をかけ，光の筋が曲がっ
たときのようすを示している。この実験からどのようなことが
わかるか。次の**ア〜エ**から適したものを選び，記号で答えなさ
い。

　ア 光の筋が地球の重力によって曲がった。

　イ 光の筋が＋の電気を帯びているので曲がった。

　ウ 光の筋が−の電気を帯びているので曲がった。

　エ 磁界が発生したので曲がった。

(4) 図2，図3で見られたような，光の筋の正体は何という粒子か，
答えなさい。

(5) この粒子の性質として，正しいものはどれか。次の**ア〜エ**から
適したものを選び，記号で答えなさい。

　ア 真空放電管の内部だけを移動する。

　イ 磁石を近づけてみても，その光の筋を曲げることはできない。

　ウ 黄緑色に輝き，ガラス壁を通過する。

　エ 質量をもっている。

(6) 図4は導線に電流が流れる
ようすの模式図である。○
は導線の金属粒子，・はその
まわりにある(4)の粒子であ
る。

　図のスイッチを入れる
と，・はA，Bのどちらのほうに移動しますか。

図4

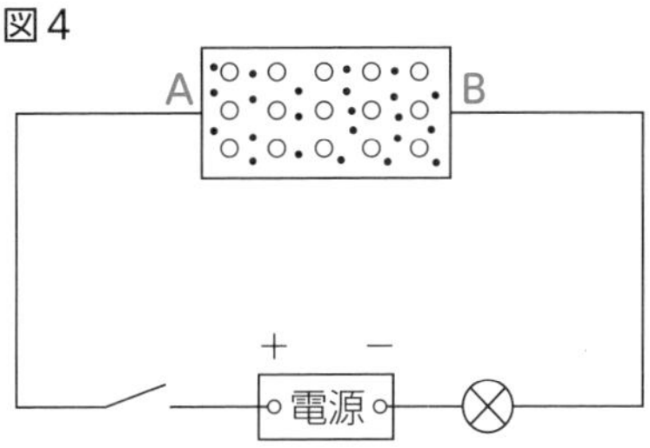

【 　　月　　日 】

Step 3 実力問題①

| 時間 30分 | 合格点 70点 | 得点 点 |

解答▶別冊3ページ

1 次の文章は，ドイツの物理学者レントゲンが発見したものについて書かれたものである。文章中の①～③にあてはまる語句を，下のア～クから選び，記号で答えなさい。(各8点)

> レントゲンは，黒い厚紙でおおったクルックス管を用いた実験を行ったとき，1mほどはなれた蛍光(けいこう)スクリーンが光を発していることを発見した。彼は，このクルックス管から飛び出し，蛍光スクリーンを光らせるはたらきをするものに対して ① と名づけた。
>
> この ① は，α線や中性子線などといった ② の一種であり，物質を ③ 性質をもっている。そのため，造影撮影(ぞうえいさつえい)やCTスキャンといった，骨折や病気の検査などの医療(いりょう)の面で，現在の私たちのくらしに役立っている。

ア 放射線　　**イ** X線　　**ウ** 中性子線　　**エ** 電子線　　**オ** β線

カ 通り抜ける　　**キ** 光らせる　　**ク** 蓄電(ちくでん)させる

①	②	③

2 記述式 次の実験について，あとの問いに答えなさい。(38点)

実験 図1のように放電管，電流計，誘導(ゆうどう)コイル，電源装置などを使って陰極線(いんきょくせん)の性質を調べた。

次に，図2のように，蛍光物質を塗(ぬ)った板を入れた放電管の電極T，Lに高い電圧をかけると，蛍光物質を塗った板に蛍光の道筋ができた。さらに，蛍光の道筋に磁石を近づけると，蛍光の道筋が曲がった。

(1) 図1の放電管Ⓜの部分に，ある装置をつなぎ実験を行ったところ，放電管内全体がしだいに光るようになり，その後放電管の端子(たんし)Z側のガラスが緑色に光るようになった。放電管の内部をどのようにしたのか，簡潔に書きなさい。(18点)

(2) 重要 実験のように蛍光の道筋が曲がるのは，磁石を使用する以外に，どのような操作を行ったときか。端子P，Qを使って簡潔に書きなさい。(20点)

図1
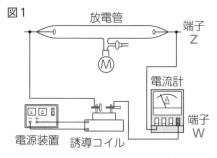
放電管　端子Z
電流計
電源装置　誘導コイル　端子W

図2
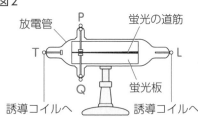
放電管　P　蛍光の道筋
T　　　　　　　　L
Q　蛍光板
誘導コイルへ　　誘導コイルへ

(1)	
(2)	

〔宮崎〕

3 電熱線に流れる電流について調べるため，次の実験を行った。あとの問いに答えなさい。(38点)

実験 ①図1のように電流計，電圧計，端子(たんし)，スイッチ，電源装置を導線を用いて接続した。

②電熱線Pを端子xと端子yの間に接続してスイッチを入れ，電源装置を調整して電圧計が1.0 Vを示すようにした。このときの電流計が示す値を記録して，スイッチを切った。

③電源装置を調整して電圧計が示す値を2.0 V, 3.0 V, 4.0 V, 5.0 Vに変え，それぞれの場合について，電流計が示す値を記録した。

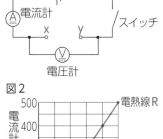
図1

次に，電熱線Pのかわりに，電熱線Qと電熱線Rを用いて，それぞれ実験の②と③を行った。

右の表は，実験の結果をまとめたものであり，図2は表をもとに，横軸に電圧計が示す

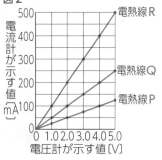
図2

電圧計が示す値〔V〕	1.0	2.0	3.0	4.0	5.0
電熱線P	25	50	75	100	125
電熱線Q	50	100	150	200	250
電熱線R	100	200	300	400	500

（表の左側：電流計が示す値〔mA〕）

値を，縦軸に電流計が示す値をとり，その関係をグラフに表したものである。

(1) 電熱線Rの抵抗は何Ωか，求めなさい。(8点)

(2) 図1の端子xと端子yの間に電熱線Qを接続し，電源装置を調整して電圧計が8.0 Vを示すようにしたとき，電流計が示す値は何mAになるか，求めなさい。(10点)

(3) 図3のように，電熱線Pと電熱線Qを並列につなぎ，これを図1の端子xと端子yの間に接続した。

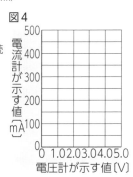
図3
図4

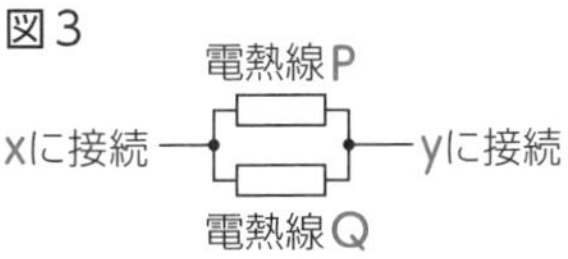

電源装置を調整し，電圧計が示す値をさまざまに変えて電流を流したとき，電圧計が示す値と電流計が示す値の関係はどのようになるか。横軸に電圧計が示す値，縦軸に電流計が示す値をとり，その関係を表すグラフを，図4に描きなさい。(10点)

(4) 電熱線P，電熱線Q，電熱線Rを図5のa，b，c，dのように導線で接続した。図1の端子xと端子yの間にaを接続し，電圧計がある値Xを示すようにして電流を流し，電流計が示す値を記録した。次に，aをb，c，dに替えて，それぞれ電圧計がaを接続したときと同じ値Xを示すようにして電流を流し，電流計が示す値を記録した。このとき，図5のa，b，c，dを電流計が示す値の大きい順に並べなさい。(10点)

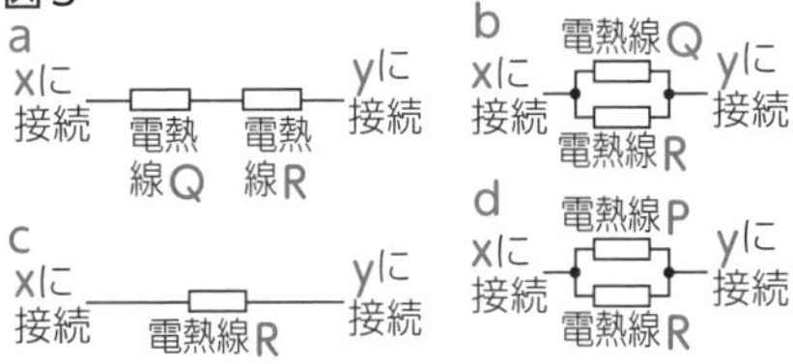

(1)	(2)	(3) (図4に記入)	(4)

〔愛知－改〕

2(2) 光の筋は－の電気を帯びている。

3(4) 合成抵抗が小さいものほど，流れる電流は大きくなることから考える。

4 電流による磁界

⊙← 重要点をつかもう

1 磁界

磁力がはたらく空間を磁界といい，磁界の中で磁針のN極が指す向きをその点での**磁界の向き**という。

- 磁界のようすを表す曲線を**磁力線**という。
- 磁力線は，必ずN極から出てS極に入る。

2 電流による磁界

電流が流れている導線やコイルにした導線に電流を流すと，導線やコイルのまわりに**磁界**が生じる。

3 磁界の向き

直線電流が流れる向きに**右ねじ**を進ませるとき，ねじを回す向きが，電流がつくる磁界の向きになる。流れる電流が大きいほど，生じる磁界は強い。

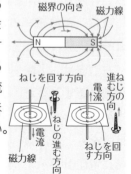

Step 1 基本問題

解答▶別冊4ページ

1 図解チェック⚡ 次の図の空欄に，適当な語句を入れなさい。

▶電流による磁界◀

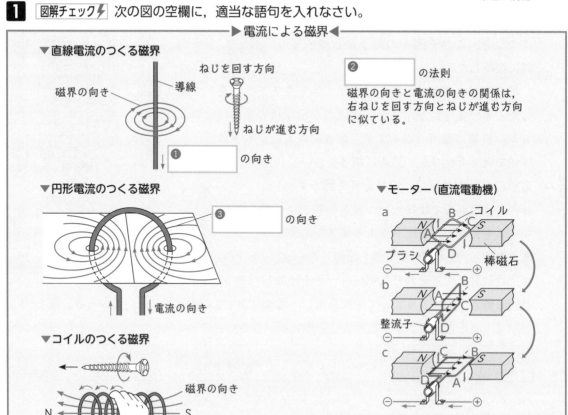

▼直線電流のつくる磁界

磁界の向き　導線
ねじを回す方向
ねじが進む方向
❶ □ の向き

② □ の法則
磁界の向きと電流の向きの関係は，右ねじを回す方向とねじが進む方向に似ている。

▼円形電流のつくる磁界

❸ □ の向き
電流の向き

▼コイルのつくる磁界

磁界の向き
N　S
電流の向き

▼モーター（直流電動機）

a
コイル
N A B S
ブラシ D
⊖ ⊕ 棒磁石

b
N A B S
整流子 C D
⊖ ⊕

c
N D C B S
A
⊖ ⊕

2 [磁界と磁力線] 次の文章中の[　]に適する語を入れて，正しい文章にしなさい。

(1) 磁石は引きあったり，退けあったりする。このような磁力がはたらく空間を[①　　　　]とよぶ。[①]の強さは，磁極から遠ざかるにしたがって[②　　　　]くなる。

　ある場所の[①]の向きは，この場所に磁針を置いたときの[③　　　]極が指す向きである。[①]のようすは[④　　　　]によって描き表すことができる。

(2) 導線に電流が流れると，まわりに磁界ができる。このとき，磁力線は導線を中心とした[①　　　　]状になる。磁界の向きは，電流の流れる向きに[②　　　　]を進ませるように回したときの，[②]を回す向きである。

　磁界の強さは，流れる[③　　　　]が大きいほど強い。

Guide

（くわしく）**磁力線の密度**
　磁力線の密度が大きい所は磁界が強い。逆に，小さい所は磁界が弱い。

（ことば）**右ねじの法則**
　導線に電流が流れる向きに右ねじを進ませると，右ねじの回転の向きが，導線のまわりの磁界の向きを示す。

（くわしく）**フレミングの左手の法則**
左手の中指・人差し指・親指を直角に開き，中指を電流の向き，人差し指を磁界の向きに合わせると，親指が力の向きを示す。

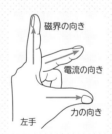
磁界の向き／電流の向き／力の向き／左手

3 [磁界中で電流が受ける力] 図1のような装置で，磁界の中で電流が受ける力について調べた。電流を流すとコイルが図2のように動いた。次の問いに答えなさい。

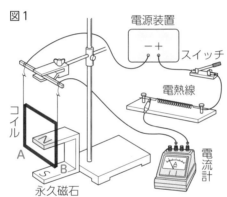

図1

電源装置　スイッチ　電熱線　コイル　A　B　永久磁石　電流計

(1) 電流を流したとき，図2の点Pのまわりには電流によってどのような磁界ができるか。図3の**ア〜エ**から1つ選びなさい。　　　[　　]

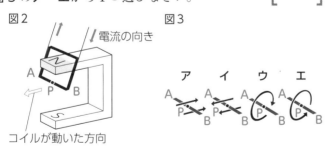

図2
電流の向き
A　P　B
コイルが動いた方向

図3
ア　イ　ウ　エ
A P B　A P B　A P B　A P B

(2) 図1の回路で，電熱線の長さを短くして接続すると，コイルが磁界から受ける力の向きと大きさはどうなりますか。

力の向き[　　　　] 力の大きさ[　　　　]

(3) 右の図のように永久磁石を電磁石ととりかえ，矢印の向きに電流を流したとき，コイルはどの向きに力を受けるか。図中の**ア〜エ**から選びなさい。　　　[　　]

電流の向き／電流の向き／ア　エ／イ　ウ

重要 **1** ［電流と磁界］電流と磁界について調べるために，電池と，アクリル管に導線を巻いたコイル，抵抗の大きさがともに 18 Ωの抵抗器A，Bを用い，図のような装置を組み，実験を行った。これについて，あとの問いに答えなさい。

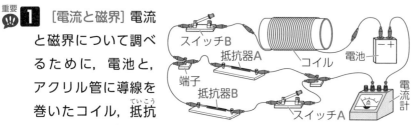

スイッチB　抵抗器A　コイル　電池
端子　抵抗器B　スイッチA　電流計

実験　スイッチAを切った状態で，スイッチBを入れ，磁界のようすを調べ，電流計の示す値を読みとった。

(1) 電流の向きを ⇒，磁界の向きを ─→ で表すとき，コイルを流れる電流がつくる磁界のようすを表した模式図として適切なものを，次の**ア〜エ**から1つ選び，記号で答えなさい。

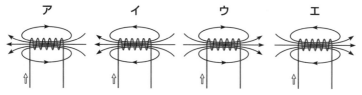

ア　　　　イ　　　　ウ　　　　エ

記述式 (2) 次に，スイッチA，Bの両方を入れると，コイルを流れる電流がつくる磁界は，スイッチBだけを入れたときの磁界よりも強くなる。その理由を，抵抗，電流の2つの語を用いて，書きなさい。
〔山形−改〕

2 ［電流と磁界］図のように，N極が黒く塗られた2つの方位磁針を置き，まっすぐな導線に電流を流したところ，2つの方位磁針のN極は，図のような向きを指した。このとき，導線に流れている電流の向きをA，Bから1つ，導線のまわりの磁界の向きをC，Dから1つ，それぞれ選び，その組み合わせとして適切なものを，次の表の**ア〜エ**から選び，記号で答えなさい。

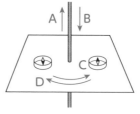

A　B　C　D

	導線に流れている電流の向き	導線のまわりの磁界の向き
ア	A	C
イ	A	D
ウ	B	C
エ	B	D

〔東京−改〕

1 ((1)10点, (2)20点－30点)

(1)

(2)

ワンポイント
(2)生じる磁界の強さは，流れる電流の大きさに比例する。

2 (20点)

ワンポイント
磁界の向きと電流の向きの関係は，右ねじの法則で表される。

3 [磁界中で電流が受ける力] 電流と磁界に関する実験を行った。これについて，あとの問いに答えなさい。

実験 図1のように，コイルQ
と抵抗を接続して回路をつくり，
コイルQをU字形磁石の間につ
るして電流を流すと，コイルQ
はAの向きに動いた。

図1
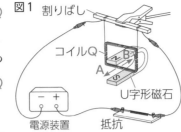
割りばし
コイルQ
B
A
U字形磁石
電源装置
抵抗

(1) 次の文章の①〜④の［　］の中か
ら，それぞれ適当なものを1つずつ選び，ア，イの記号で書き
なさい。

　実験で，コイルQに流れる電流を大きくすると，電流が磁界
から受ける力は，①［**ア** 大きく　　**イ** 小さく］なり，図1の
U字形磁石の極の位置を入れかえて磁界の向きを逆にした場合，
コイルQは，図1の②［**ア** Aの向き　　**イ** Bの向き］に動く。

　図2のように，電流が磁界から受け
る力を利用したものがモーターであり，
モーターは，整流子とブラシを使った③
［**ア** 図3のC　　**イ** 図3のD］のよう
なつくりとなっている。これにより，コ
イルRの面abcdがU字形磁石による
磁界の向きと④［**ア** 垂直　　**イ** 平行］に

図2
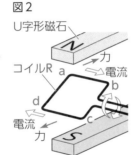
U字形磁石
N
力
コイルR a
電流
b
d
電流
c
力
S

なった直後に
電流の向きが
変わり，常に同
じ向きに回転
するような力
がはたらく。

図3
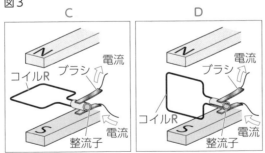
C
コイルR　ブラシ
電流
整流子
電流
N
S

D
ブラシ
電流
コイルR
整流子
電流
N
S

(2) 図1の抵抗を，
より大きなものに変えた場合，コイルQの動く幅はどうなるか。
次の**ア**〜**ウ**から選び，記号で答えなさい。

　　ア 大きくなる　　**イ** 小さくなる　　**ウ** 変わらない

(3) 図1のU字形磁石をより磁力の強いものに変えた場合，コイ
ルQの動く幅はどうなるか。次の**ア**〜**ウ**から選び，記号で答え
なさい。

　　ア 大きくなる　　**イ** 小さくなる　　**ウ** 変わらない　〔愛媛−改〕

3 ((1)各8点,(2),(3)各9点−50点)

	①
	②
(1)	③
	④
(2)	
(3)	

▶**ワンポイント**◀

(1)ブラシと整流子は，半
　回転ごとに電流の向き
　を反転させている。

21

5. 電磁誘導と発電

重要点をつかもう

1 電磁誘導

　コイルのまわりの磁界が変化すると，コイルに電圧が生じ，電流が流れる現象。

誘導電流の向き

▲コイルにN極が近づくとき　　▲コイルからN極が遠ざかるとき

2 誘導電流

　電磁誘導によって流れる電流。**磁界の変化を妨げる方向**に電流が流れる。

3 発電機

　固定したコイルの中で磁石を回転させると，電磁誘導により電流が流れる。

　このとき流れる電流は，電流の流れる向きが一定の周期で変化する**交流**である。

Step 1 基本問題

解答▶別冊4ページ

1 図解チェック⚡ 次の図の空欄に，適当な記号を入れなさい。

▶コイルにN極を近づけたり，遠ざけたりするとき◀

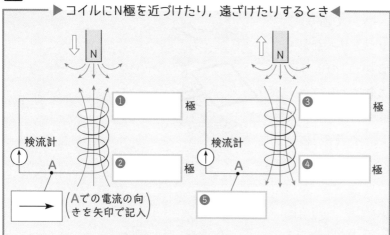

▶コイルにS極を近づけたり，遠ざけたりするとき◀

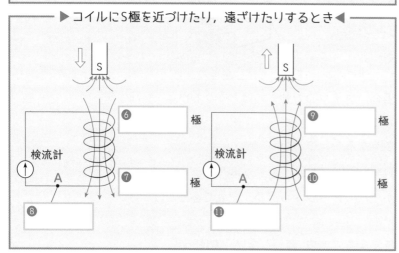

Guide

誘導電流

　磁界を変化させることによって発生する電流のこと。磁界の変化が大きくなるほど誘導電流は大きくなる。

誘導電流の向き

　コイルにN極が近づくとき，磁界の変化を妨げようと，N極が生じる方向に電流が流れる。

N極が遠ざかるときは，S極が生じる方向に電流が流れる。

コイルに生じる極

　コイルの上端にN極を近づけると，コイルの上端にはN極が生じる。逆に，N極を遠ざけるとS極が生じる。

コイルの上端にS極を近づけると，コイルの上端にはS極が生じる。逆に，S極を遠ざけるとN極が生じる。

2 [電流と磁界] 電流と磁界に関する次の問いに答えなさい。

(1) 図1のように，C_1，C_2（同じ太さの円筒に同じエナメル線を同じ回数巻いたコイル）を，その中心を通る線が東西の方向になるように置

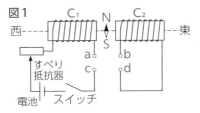

図1

き，その中央に磁針を置いて，aとc，bとdをそれぞれつなぎ，スイッチを入れ，電流を流すと磁界が生じるが，この場合，磁針はどうなるか。次の**ア〜エ**から1つ選び，その記号を書きなさい。 [ ]

ア N極がC_1のほうに振れる。

イ N極がC_2のほうに振れる。

ウ 左右に大きく振れる。 **エ** どちらにも振れない。

(2) 図1のように，C_1，C_2および磁針を置いて，aとd，bとcをそれぞれつなぎ，スイッチを入れ，電流を流すと磁界が生じるが，この場合，磁針はどのようになると考えられるか。次の**ア〜エ**から1つ選び，その記号を書きなさい。 [ ]

ア N極がC_1のほうに振れる。

イ N極がC_2のほうに振れる。

ウ 左右に大きく振れる。 **エ** どちらにも振れない。

(3) 図2のように，C_1，C_2の中に鉄しんを入れ，スイッチを入れてからすべり抵抗器のつまみを，抵抗が大きくなる方向にすばやく動かしていくと，

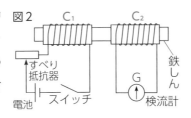

図2

C_2に電流が流れるが，この場合，検流計の針はどのように振れるか。次の**ア〜エ**から1つ選び，その記号を書きなさい。

ア スイッチを入れたときに振れ，つまみを動かしているときは振れない。

イ スイッチを入れたときに振れ，つまみを動かしているときは逆向きに振れる。

ウ スイッチを入れたときには振れず，つまみを動かしているときは振れる。

エ スイッチを入れたときに振れ，つまみを動かしているときにも同じ向きに振れる。 [ ]

ことば **電磁誘導**
電磁誘導は，磁界が変化しているときに起こる。変化の後は，次の変化まで誘導電流は流れない。

ひと休み **電磁誘導加熱**
コイルに大きな電流を流すと，強力な磁界が発生する。この上に電気を通しやすい鉄，ステンレスなどの金属を置くと，電磁誘導により渦電流が発生して，抵抗により金属が発熱する。これを利用したものが電磁調理器である。

注意 **誘導電流の大きさ**
コイルに流れる電流が小さくなると，それによって生じる誘導電流も小さくなる。

くわしく **誘導電流の向き**
誘導電流は，その電流によって生じる磁界が外から加えた磁界の変化を妨げる向きに流れる。（レンツの法則）

Step **2** 標準問題

時間 30分　合格点 70点　得点 　　点

解答▶別冊5ページ

1 [電流と磁界] コイルと棒磁石を用いて，次の実験を行った。あとの問いに答えなさい。

実験1 図1のようにコイルAに棒磁石のN極を向けて，図の矢印の向きに近づけると，①検流計の指針は右に振れた。次に，コイルAに棒磁石のN極を向けたまま，遠ざけると，検流計の指針は左に振れた。

実験2 図2のように，実験1で用いたコイルAと，コイルBを並べ，コイルBには乾電池とスイッチをつないだ。スイッチを入れ，コイルBの口をコイルAに向けたまま，コイルBをコイルAに近づけると，②検流計の指針は右に振れた。次に，乾電池の＋極と－極を逆にしてスイッチを入れ，コイルBの口をコイルAに向けたまま，③コイルBをコイルAから遠ざけるときの検流計の指針が振れる向きを調べた。

(1) 実験1の結果から，コイルAに電流が発生したことがわかった。この電流は，何とよばれる電流か，書きなさい。

記述式 (2) 実験1の装置をそのまま用いて，図1のように，矢印の向きに，棒磁石をコイルAに近づけるとき，下線部①のときより検流計の指針をさらに大きく右に振れさせるためには，棒磁石をコイルAにどのように近づければよいか，書きなさい。

(3) 実験2について，次の文章の[　]a，bにあてはまるものを，ア，イからそれぞれ選びなさい。

　下線部②のようになったのは，電流が流れているコイルBをコイルAに近づけるとき，コイルAの中の磁界がa[ア 変化した　イ 変化しなかった]からである。また，このコイルBをコイルAに近づけたあと，コイルBを静止させたところ，右に振れていた検流計の指針はb[ア 右に振れたままであった　イ スイッチを入れる前の位置にもどった]。

(4) 下線部③のときと同じ向きに検流計の指針が振れるのは，実験1の装置を用いてどのような操作を行うときか。正しいものを，次のア〜エから2つ選び，記号で答えなさい。〔北海道〕

図1

コイルA　棒磁石
検流計

図2
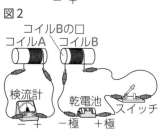
コイルBの口
コイルA　コイルB
検流計　乾電池　スイッチ

1 ((1)・(3)各10点，(2)20点，(4)15点－65点)

(1)	
(2)	
(3)	a
	b
(4)	

ア 棒磁石をコイルAから遠ざける

イ 棒磁石をコイルAに近づける

ウ コイルAを棒磁石から遠ざける

エ コイルAを棒磁石に近づける

重要❗❷ [電磁誘導] 次の文章の①，②にあてはまる語の組み合わせを，ア～エから選びなさい。

図1のように，棒磁石のN極をコイルに近づけると，矢印の向きに電流が流れた。次に**図2**のように，磁石のS極をコイルに近づけると電流は ① の向きに流れ，続けて磁石を遠ざけると電流は ② の向きに流れた。

図1

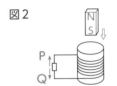
図2

電流

P
Q

ア ① P ② P ⁣ **イ** ① P ② Q
ウ ① Q ② Q ⁣ **エ** ① Q ② P

〔大阪桐蔭高〕

❷ (15点)

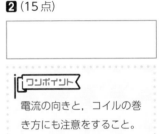

ワンポイント

電流の向きと，コイルの巻き方にも注意をすること。

❸ [電流と磁界] 図のように，棒磁石を固定した台車をプラスチック製のレールに置いて，次の実験を行った。これについて，あとの問いに答えなさい。ただし，レールのBC間は水平で，台車とレールの間には**摩擦力**がはたらかず，台車は点B，Cをなめらかに通過できるものとする。

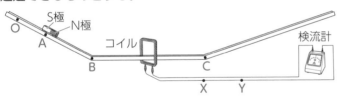

S極 N極
コイル
O
A
B
C
X Y
検流計

実験 N極をコイル側にして台車を点Aに置き，手をはなしてレール上を運動させると，台車が最初にコイルに近づくとき，検流計の針は右に**振**れた。

(1) 台車が最初にコイルに近づくとき，コイルに電流が流れる理由として適切なものを，次の**ア～エ**から選び，記号で答えなさい。
　ア コイルの中のBからCの向きの磁力が導線に入るため。
　イ コイルの中のCからBの向きの磁力が導線に入るため。
　ウ コイルの中のBからCの向きの磁界の強さが変化するため。
　エ コイルの中のCからBの向きの磁界の強さが変化するため。

(2) 検流計の針が右に振れているとき，導線XY間を流れる電流の向きと，その電流がつくる磁界の向きを表した図として適切なものを次の**ア～エ**から選び，記号で答えなさい。

〔兵庫－改〕

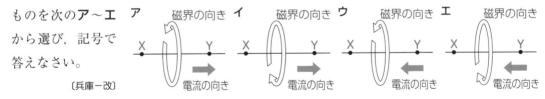

ア 磁界の向き **イ** 磁界の向き **ウ** 磁界の向き **エ** 磁界の向き
X Y X Y X Y X Y
電流の向き 電流の向き 電流の向き 電流の向き

❸ (10点×2－20点)

(1)

(2)

Step ③ 実力問題②

解答▶別冊5ページ

1 電流と磁界の関係を調べるため，次のような実験を行った。これについて，あとの問いに答えなさい。(40点)

実験1 図1のような装置をつくり，回路を流れる電流の大きさを変え，電流の大きさと電子てんびんの示す数値を記録した。その結果を表1にまとめた。

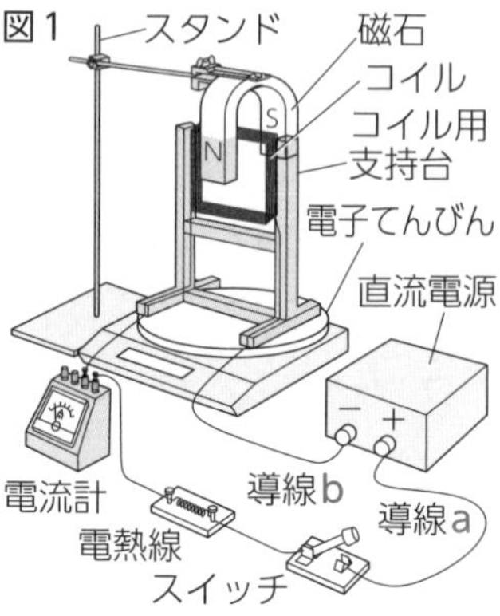

実験2 実験1で使用した装置を用いて，導線aを直流電源の－端子に，導線bを＋端子につなぎかえ，さらに，電流計の接続をかえて，実験1と同様の測定をした。その結果を表2にまとめた。

表1
電流の大きさ[A]	0	0.2	0.4	0.6	0.8
電子てんびんの示す数値〔g〕	58.5	57.9	57.3	56.7	56.1

表2
電流の大きさ[A]	0	0.2	0.4	0.6	0.8
電子てんびんの示す数値〔g〕	58.5	59.1	59.7	60.3	60.9

図1 スタンド 磁石 コイル コイル用支持台 電子てんびん 直流電源 導線b 導線a 電流計 電熱線 スイッチ

図2 〔N〕 電流が磁界の中で受ける力の大きさ
0 0.2 0.4 0.6 0.8〔A〕 電流の大きさ

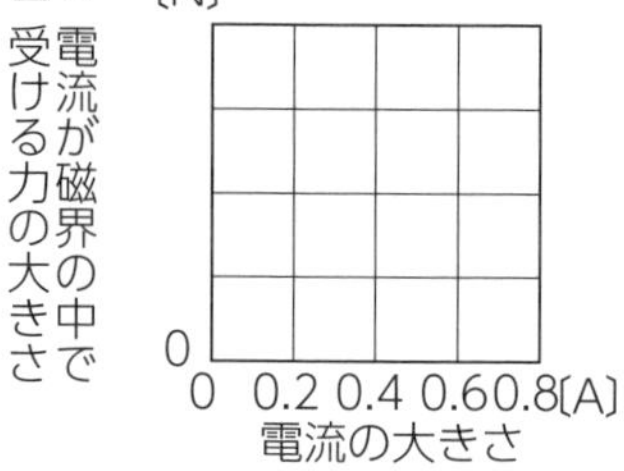

(1) 次の文の①，②の［ ］内の**ア**，**イ**から正しいものを，それぞれ選びなさい。(各5点)

　実験1で，電流が磁界の中で受ける力の向きは①[**ア** 上 **イ** 下]向きであり，力の大きさは，電流の大きさを大きくしていくと，②[**ア** 大きく **イ** 小さく]なっていく。

(2) **実験2**において，「電流の大きさ」と「電流が磁界の中で受ける力の大きさ」との関係を表すグラフを，表2をもとにして描きなさい。ただし，グラフの縦軸の目盛りに数値を書きなさい。(10点)

(3) **実験2**において，電流の大きさを0.5Aにしたとき，電流が磁界の中で受ける力の大きさは，いくらですか。(10点)

✎(4) **実験1**で使用した装置を用いて，その回路を流れる電流の向きを変えずに，表2の結果を得る方法も考えられる。その方法を簡潔に書きなさい。(10点)

(1)	①	②	(2) (図2に記入)	(3)
(4)				

〔群 馬〕

2 次の実験について，あとの問いに答えなさい。(20点)

実験1 エナメル線を巻いてコイルにした電磁石を用いてモーターをつくり，図1のように電池とスイッチにつないだ。この装置のスイッチを入れるとモーターは連続して回転した。

図1 電磁石C 整流子 電磁石A 電磁石B ブラシ

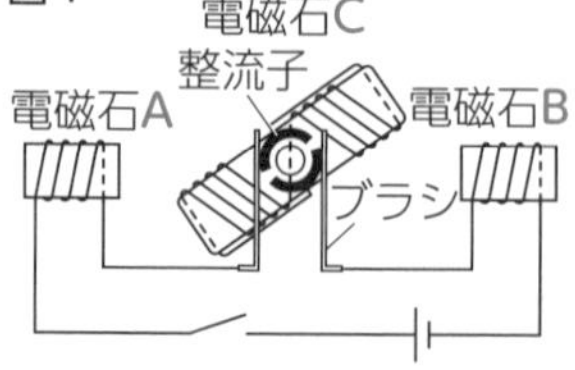

実験2　図2のように，2つの磁石A，Bを磁石の極が図1の電磁石A，図2　Bの極とそれぞれ同じ向きになるように置いた装置をつくり，スイッチを入れるとモーターは実験1と同じ向きに連続して回転した。

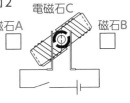
図2
電磁石C
磁石A　磁石B

実験3　図1，2の装置の電池とスイッチをはずして，かわりに電流計をつなぎ，手でモーターの軸を回転させ，電流計の針の振れを調べた。

重要
(1) 次の文章の[　]①，②にあてはまるものを，ア，イからそれぞれ選びなさい。(各5点)

　　図1の装置で電池の＋極と－極を逆にしてスイッチを入れると，電流は逆向きに流れる。このとき，電磁石A，BのN極とS極は①[ア　入れかわる　　イ　入れかわらない]。また，そのとき，電磁石A，Bと電磁石Cとの間にはたらく力により，モーターは実験1と②[ア　同じ向き　　イ　逆の向き]に回転する。

(2) 実験3の結果について正しく説明しているものはどれか。ア～エから選びなさい。(10点)

　　ア　磁界の中でコイルが回転するので，電流計の針は両方とも振れる。

　　イ　電池をはずすと電磁石にならないので，電流計の針は両方とも振れない。

　　ウ　コイルの間で電磁石が回転するので，図1の装置の電流計の針のみ振れる。

　　エ　磁石A，Bの間でコイルが回転するので，図2の装置の電流計の針のみ振れる。

(1)	①	②	(2)

〔北海道〕

3 次の問いに答えなさい。(40点)

(1) 図1のように導線Bに電流を流したとき，導線Aの所にできる磁界はア～エのうちどの向きか，答えなさい。(10点)

(2) 次に導線Aに電流を流したところ，磁界からエの向きの力を受けた。導線Aの電流はa，bのうちどの向きか，答えなさい。(10点)

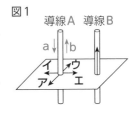
図1
導線A　導線B

難問
(3) 図2のようなコイルにN極をすばやく近づけると，検流計の針が右に振れた。検流計を下の①，②の回路にかえて，A端子(――●)，B端子(――◆)に接続し，コイルにN極をすばやく近づけた場合，赤色，黄色の発光ダイオードはどのようなつき方をするか。次のア～カからそれぞれ1つずつ選び，記号で答えなさい。(各10点)

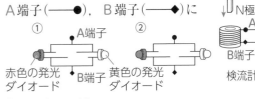
図2
N極
A端子
B端子
検流計

①
A端子
赤色の発光ダイオード　B端子

②
黄色の発光ダイオード

　　ア　赤色だけがつく。　　　　　　イ　黄色だけがつく。

　　ウ　赤色と黄色がいっしょにつく。　エ　どちらもつかない。

　　オ　赤色と黄色が交互に点滅する。　カ　赤色と黄色が同時に点滅する。

(1)	(2)	(3)	①	②

〔愛光高－改〕

6 物 質 の 分 解

◀━ 重要点をつかもう ━▶

1 分 解

ある1種類の物質が2種類以上の別の物質に分かれる化学変化。

－極　＋極
水素が発生　　酸素が発生

うすい水酸化ナトリウム
水溶液
またはうすい硫酸

電源
装置

▲水の電気分解

2 電気分解

物質に電流を流すことによって分解する化学変化。

例　水──→酸素＋水素

3 熱分解

物質に熱を加えることによって分解する化学変化。

例　炭酸水素ナトリウム
　　──→炭酸ナトリウム＋水＋二酸化炭素

例　酸化銀──→銀＋酸素

Step 1 基本問題

解答▶別冊6ページ

1 図解チェック⚡ 次の図の空欄に，適当な語句を入れなさい。

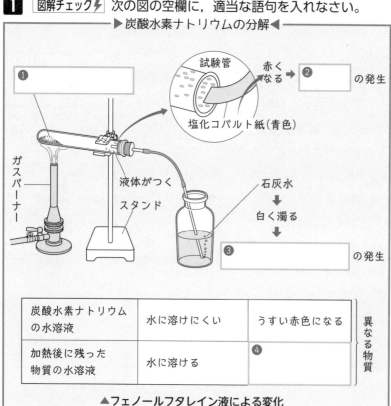

▶炭酸水素ナトリウムの分解◀

❶

試験管

赤くなる ➡ ❷ □ の発生

塩化コバルト紙（青色）

液体がつく

ガスバーナー

スタンド

石灰水
↓
白く濁る
↓
❸ □ の発生

炭酸水素ナトリウムの水溶液	水に溶けにくい	うすい赤色になる
加熱後に残った物質の水溶液	水に溶ける	❹

異なる物質

▲フェノールフタレイン液による変化

Guide

くわしく　**加熱のしかた**
試験管の口を少し下げて加熱するのは，発生した水が加熱部分に流れこんで，試験管が割れてしまうことを防ぐためである。

注意　**加熱をやめるとき**
ガラス管を水の中に入れたまま火を消すと水が逆流して試験管が割れることがある。
必ず，ガラス管を水から出したあと，火を消すようにしなければならない。

2 ［分解］乾いた試験管に
粉末の酸化銀を入れ，右の図
のような装置を組み立てて加
熱し，物質がどのように変化
するかを調べた。次の問いに答えなさい。

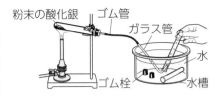

粉末の酸化銀　ゴム管　ガラス管　水　水槽　ゴム栓

(1) 粉末の酸化銀を弱火で加熱すると，加熱した試験管には固体
　　Xができた。固体Xは何か，答えなさい。　　　　［　　　　　］

(2) 図のようにして気体を集める方法と何というか，答えなさい。
　　　　　　　　　　　　　　　　　　　　　　　　　［　　　　　］

(3) 水槽の試験管には気体Yを集めることができた。そこで，気
　　体Yの入った試験管に火のついた線香を入れると炎を出して
　　燃えた。気体Yは何か，答えなさい。　　　　　［　　　　　］

〔秋田－改〕

3 ［分解］図のようにして炭酸
水素ナトリウム(重曹)を加熱する
と，ガラス管の先から気体が出て
石灰水が白く濁り，試験管の内側
に液体が付着した。次の問いに答
えなさい。

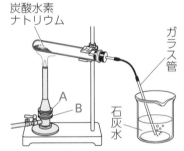

炭酸水素ナトリウム　ガラス管　A　B　石灰水

(1) ガスバーナーに火をつけたあ
　　と，炎をどのようにして調節すればよいか。次の［　　］に適す
　　る言葉を書きなさい。

　　　Bのねじで［①　　　　　］の量を調節したあと，Aのねじで
　　［②　　　　　］の量を調節する。

(2) 石灰水を濁らせた気体を容器に集めるには，図のどの方法が
　　よいか。2つ選び，記号を書きなさい。　　［　　］［　　］

ア　気体　イ　気体　ウ　気体　エ　気体　水

(3) 試験管の内側に付着した液体を青色の塩化コバルト紙につけ
　　ると，桃色に変化した。この液体は何か。物質名を答えなさい。
　　　　　　　　　　　　　　　　　　　　　　　　　［　　　　　］

第1章　第2章　第3章　第4章　総仕上げテスト

注意　金属の性質
①金属光沢
②電気伝導性
③熱伝導性
④展性(たたくと広がる)
⑤延性(ひきのばすことができる)

ことば　重曹
ベーキングソーダともいう。ベーキングパウダーはこれを主成分としたもの。加熱すると二酸化炭素が発生するので，パンや菓子をふくらませるのに利用する。

ひと休み　乾燥剤
シリカゲルという透明な粒の物質を乾燥剤に使う。表面に塩化コバルトがぬられたものは，青い色がうすい桃色に変化することで，水をたくさん吸ったかどうかがわかる。桃色になった粒が多いときは，交換するか加熱して水分を蒸発させることで，再使用することができる。

くわしく　炭酸水素ナトリウムと炭酸ナトリウム
炭酸水素ナトリウムと炭酸ナトリウムはともに白色粉末だが，水溶液にすると，炭酸水素ナトリウムは弱いアルカリ性，炭酸ナトリウムはやや強いアルカリ性を示す。

Step 2 標準問題

時間	合格点	得点
30分	70点	点

解答▶別冊6ページ

重要 **1** [電気分解] 下の図は水を電気分解する装置を示したものである。これについて，次の問いに答えなさい。

(1) Bの試験管に出てくる気体は何ですか。

(2) AとBそれぞれの試験管にたまる気体の体積の比(A：B)はどのようになりますか。

(3) 水の電気分解を行うとき，水に溶かす物質は何か，次の物質の中から2つ選びなさい。

ア エタノール　　イ 塩酸

ウ 硫酸（りゅうさん）　　エ アンモニア

オ 水酸化ナトリウム

カ 食塩

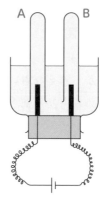

1 ((1)・(2)各10点,(3)14点(完答)−34点)

(1)	
(2)	
(3)	

ワンポイント

Aは陽極，Bは陰極である。

2 [分　解] 下の図のような実験装置を使って酸化銀を加熱する実験を行った。これについて，次の問いに答えなさい。

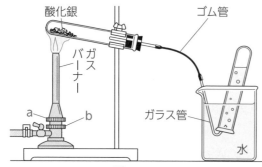

酸化銀　ゴム管　ガスバーナー　ガラス管　水　a　b

(1) ガスバーナーの炎は図のa，bのねじを回して調節することができる。a，bのねじでそれぞれ何の量を調節することができますか。

(2) 酸化銀を加熱すると，しだいに変色してほかの物質に変化した。何という物質に変化しましたか。

(3) (2)で変色するとありますが，何色から何色へと変わりますか。

(4) この実験のように，1つの物質が2つ以上の物質に分かれる変化を何といいますか。

記述式 (5) 反応が終わったので，ガスバーナーの火を消すとする。火を消す前に必ずしなければならない操作は何か。15字以内で書きなさい。

2 (6点×6−36点)

(1)	a
	b
(2)	
(3)	
(4)	
(5)	

ワンポイント

(5)ガスバーナーの火を消すと，試験管内の圧力は小さくなる。

3 [分　解] 右の図のよう
な装置の試験管Ａに炭酸水
素ナトリウムを入れ，ガス
バーナーで加熱し，どのよ
うな物質が生成するか調べ
た。加熱すると気体が発生

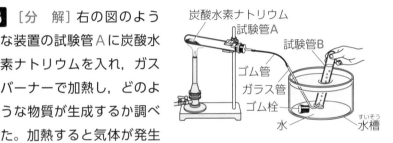

炭酸水素ナトリウム
試験管Ａ
試験管Ｂ
ゴム管
ガラス管
ゴム栓
水
水槽_{すいそう}

したが，最初に出てくる気体は試験管Ａ内の空気が混じっている
ので，しばらくしてから気体を試験管Ｂに集め，ゴム栓_{せん}をしてと
り出した。その後，気体が発生しなくなってから，ガスバーナー
を試験管の下からはずし，火を消した。試験管Ａの口もとには無
色の液体が生じていた。また，試験管Ａの底には白い物質が残った。
これについて，次の問いに答えなさい。

(1) 試験管Ｂに石灰水_{せっかいすい}を入れてよくふると，白く濁_{にご}った。このこと
から，発生した気体は何であったと考えられるか，書きなさい。

(2) 試験管Ａの口もとに生じた液体は水ではないかと考え，それを
確かめるために，乾燥_{かんそう}した塩化コバルト紙にその液体をつけて
みた。塩化コバルト紙の色の変化を，例にならって書きなさい。
(例：白色→黄色)

(3) 加熱後の試験管Ａに残った白い物質と加熱前の物質をそれぞれ
水に溶_とかし，「Ⅰ　水への溶け方」，「Ⅱ　溶かした液にフェノー
ルフタレイン液を入れたときの色の変化」を調べた。
　　次の文は，その結果を説明したものである。文中の①，②の
[　]の中から適切なものを選び，それぞれ記号で答えなさい。
Ⅰ　水への溶け方を比較_{ひかく}すると，加熱後の物質のほうが溶け
①[ア　やすい　イ　にくい]。
Ⅱ　溶かした液にフェノールフタレイン液を加えて色を比較す
ると，加熱後の物質のほうが②[ウ　濃い　エ　うすい]赤色
になる。

重要🔊 (4) この実験のように，1種類の物質が2種類以上の物質に分かれ
る変化を分解という。次のア〜エから，分解にあたるものを1
つ選び，記号で答えなさい。
ア　食塩水を加熱すると，水が蒸発し，食塩が残る。
イ　氷を加熱すると，液体の水になる。
ウ　酸化銀を加熱すると，酸素が発生し，銀が残る。
エ　砂糖を加熱すると，黒くこげる。　　　　　　　〔富山─改〕

3 (6点×5─30点)

(1)	
(2)	
(3)	①
	②
(4)	

ワンポイント
(3) 加熱後に残った白い物質
は，加熱前の物質とは別
の物質である。

7 物質と原子・分子

重要点をつかもう

1 原子

すべての物質のもとになる粒子。

① すべての物質は**原子**からなる。

② これ以上分割することができない。

③ 別の種類の原子に変化することはない。

④ 新しく生じたり，消滅したりしない。

⑤ 種類ごとに，質量が決まっている。

原子	分割しない ○→○○	新しく生まれない ⊙→○	種類ごとに，大きさ，質量が異なる 鉄○ 金○
	変わらない ○→×→○	消滅しない ○→×→⊙	

2 分子

原子が結合し，物質の性質を表す最小の粒子。

3 単体と化合物

1種類の元素からなる物質を**単体**，2種類以上の元素からなる物質を**化合物**とよぶ。

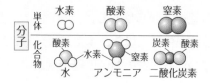

Step 1 基本問題

解答▶別冊7ページ

1 **図解チェック** 次の図の空欄に，適当な語句，化学式を入れなさい。

▶化学式の表し方◀

	分子をつくる	分子をつくらない
単体	水素 (H)(H) ❶	マグネシウム (Mg) ❷
化合物	水 (H)(O)(H) ❸	酸化銅 (O)(Cu) ❹

▶状態変化のモデル◀

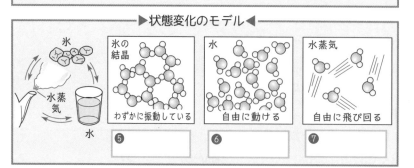

氷の結晶 わずかに振動している ❺	水 自由に動ける ❻	水蒸気 自由に飛び回る ❼

Guide

ことば 化学式
物質を原子の記号で表したもの。

$$NH_3$$

例 アンモニア
アンモニア1分子は窒素原子1個と水素原子3個からできているので，NH_3と表す。右下の3は水素原子の個数を表している。

注意 物質の体積の変化
物質の体積は一般に，
固体＜液体＜気体
である。
水の体積は
　液体(水)＜固体(氷)
　　＜気体(水蒸気)
であることに注意する。

2 [原子の記号と化学式] 水素，酸素，塩素，炭素の原子をそれぞれ図1のような記号で表す。次の問いに答えなさい。

図1
◉ 水素原子　○ 酸素原子
◎ 塩素原子　● 炭素原子

図2
A ◉○　B ○◉○
C ○●○　D ◎◎

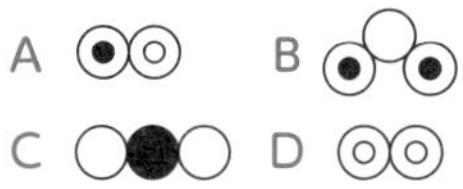

(1) 図2のA～Dのように表された分子を化学式で書きなさい。

A [　　　] B [　　　] C [　　　] D [　　　]

(2) 図2のA～Dの分子が集まってできている物質について述べた文章として適当なものを，次の**ア～カ**から選び，記号で答えなさい。　[　　　]

ア A，B，Cは化合物で，Dは単体である。Cを水に溶かすとアルカリ性の水溶液になる。

イ A，B，Cは化合物で，Dは単体である。Cを水に溶かすと酸性の水溶液になる。

ウ BとCは化合物で，AとDは単体である。Cを水に溶かすとアルカリ性の水溶液になる。

エ BとCは化合物で，AとDは単体である。Cを水に溶かすと酸性の水溶液になる。

オ Dは化合物で，A，B，Cは単体である。Cを水に溶かすとアルカリ性の水溶液になる。

カ Dは化合物で，A，B，Cは単体である。Cを水に溶かすと酸性の水溶液になる。　〔愛知－改〕

3 [マグネシウムの加熱] マグネシウムを加熱すると，空気中の酸素と結びついて化合物になる。この反応はモデルで次のように表すことができる。ただし，●はマグネシウム原子1個，○は酸素原子1個を表す。このことについて，次の問いに答えなさい。

● ● ＋ ○○ ── ●○ ＋ ●○

(1) マグネシウムと酸素が結びついた化合物を何というか。この化合物の名称を言葉で書きなさい。　[　　　　　]

(2) マグネシウムはマグネシウム原子がたくさん集まった物質である。化学式で表しなさい。　[　　　　　]

(3) 酸素は酸素原子が2つ結びついた分子でできた物質である。化学式で表しなさい。　[　　　　　]

(4) (1)の物質は，マグネシウム原子と酸素原子が1：1の数の比で集まった物質である。化学式で表しなさい。　[　　　　　]

第1章
第2章
第3章
第4章
総仕上げテスト

ことば 原子と分子
物質をつくる最小の粒を原子と考えたのはドルトン。
物質の性質を表す最小の粒を分子と考えたのはアボガドロ。

注意 分子をつくらない物質
金属や炭素などは分子をつくらず，原子がたくさん集まってできる。

ひと休み 同素体
同じ原子からできているが，原子の結びつき方や配列が違うため，性質が異なる単体を，互いに同素体であるという。
例　ダイヤモンドと黒鉛
　　酸素とオゾン

ことば 酸化
物質が酸素と結びついた場合，酸化したという。酸素はいろいろな物質と結びついて，酸化物をつくる。

注意 化学式の表し方
水素，酸素，窒素など，分子でできている単体の化学式は，原子が結びついている数を小さい数字で書くようにする。

【　　月　　日】

Step 2 標準問題

時間	合格点	得点
30分	70点	点

解答▶別冊7ページ

重要 **1** [水の電気分解] 右の図のような実験装置を用いて水の電気分解を行った。次の問いに答えなさい。

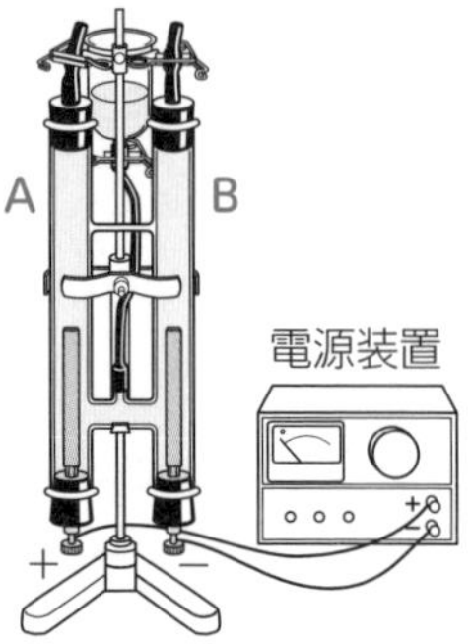

(1) この実験で用いる溶液(ようえき)はどれか。適当なものを次の**ア**～**エ**から選び，記号で答えなさい。

ア うすいエタノール水溶液

イ うすい水酸化ナトリウム水溶液

ウ うすい塩化銅水溶液

エ うすい塩化ナトリウム水溶液

(2) 管Aに発生する気体の体積と，管Bに発生する気体の体積の比（A：B）はいくらになるか。最も簡単な整数の比で表しなさい。

(3) 水素原子を○，酸素原子を●で示すとき，水の電気分解による変化を，モデルで正しく表しているものはどれか。次の**ア**～**エ**から選び，記号で答えなさい。

ア ○●○ ⟶ ○ ＋ ●

イ ○●○ ⟶ ○○ ＋ ●

ウ ○●○　○●○ ⟶ ○○　○○ ＋ ●　●

エ ○●○　○●○ ⟶ ○○　○○ ＋ ●●

(4) (3)のモデルを化学反応式で表しなさい。

1 (6点×4−24点)

(1)	
(2)	
(3)	
(4)	

ワンポイント

(3) 水を電気分解すると，2つの水分子が2つの水素分子と1つの酸素分子に分解される。

2 [化学変化] 次の問いに答えなさい。

(1) 下の図の空欄(くうらん)にあてはまる図を描(か)き，炭素を完全燃焼させて二酸化炭素ができる化学変化のモデルを完成させなさい。

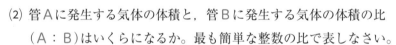

●	＋	○○	⟶	(1)
炭素（固体）		酸素（気体）		二酸化炭素（気体）

(2) この化学変化で発生した二酸化炭素は，単体と化合物のどちらですか。

(3) 次の化学変化の反応式については物質名や化学式を，モデル式についてはモデルをそれぞれ描きなさい。

①ある気体と酸素を混ぜて点火して反応させると水ができた。

[①] ＋ 酸素 ⟶ 水

2 (6点×6−36点)

(1)		
(2)		
(3)	①	
	②	
	③	
	④	

②マグネシウムを空気中で燃焼させた。

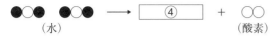

（マグネシウム）　（酸素）　　　②

③鉄と硫黄を混ぜて加熱すると黒い物質ができた。

Fe + S ⟶ ③

④水を電気分解した。

（水）　　　　　　④　　　+　○○
　　　　　　　　　　　　　　　（酸素）

ワンポイント

(3) ③鉄と硫黄を混ぜて加熱すると，硫化鉄という黒い物質ができる。

3 [気体の発生] 図1のように，乾いた試験管に酸化銀を入れ，加熱したところ酸素が発生した。下の表は，2.9 g，5.8 g，8.7 gの酸化銀を，それぞれ酸素が発生しなくなるまでじゅうぶんに加熱したあと，冷ましたときの試験管内の銀の質量を表したものである。次の問いに答えなさい。

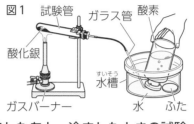

図1　試験管　ガラス管　酸素
酸化銀
水槽
ガスバーナー　水　ふた

酸化銀の質量〔g〕	2.9	5.8	8.7
試験管内の銀の質量〔g〕	2.7	5.4	8.1

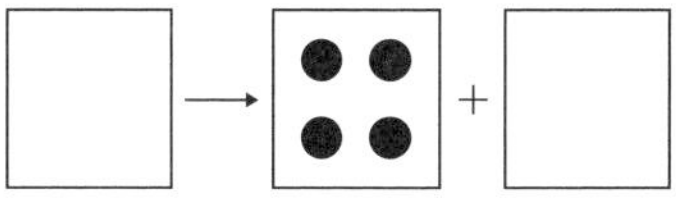

3 （10点×3－30点）

(1)

(2)

(3)
（図2に記入）

(1) 銀の原子を表す記号を書きなさい。

記述式 (2) この実験で，ガスバーナーの火を消すと，水がガラス管を逆流して試験管が割れることがある。これを防ぐために，どのような操作をしなければならないか，書きなさい。

(3) 図2が，この実験の化学変化を表した図となるように，それぞれの□にあてはまる物質をモデルで表し，図2を完成させなさい。ただし，銀原子を●，酸素原子を○，酸化銀を●○●とする。　〔鹿児島－改〕

図2

□　⟶　●●●●　+　□

4 [物質の化学変化] 次の実験について，あとの問いに答えなさい。

実験　乾いた集気びんに二酸化炭素をじゅうぶんに満たしてふたをした。その後，火をつけたマグネシウムリボンを，ふたをすばやくとって，集気びんの中に入れた。マグネシウムリボンは燃え続け，反応後には白い物質と黒い物質が見られた。

この集気びん内で起きた反応について，マグネシウム原子を◎，炭素原子を●，酸素原子を○とするモデルを用いて示したとき，図の①，②に適当なモデルを記入しなさい。〔長崎－改〕

4 （5点×2－10点）

① （図に記入）
② （図に記入）

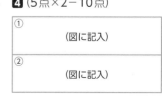

◎◎ + ○●○ → [①　] + [②　]
マグネシウム　二酸化炭素　白い物質　黒い物質

Step 3 実力問題①

	時間		合格点		得点	
⏳	30分		70点	✅		点

解答▶別冊8ページ

1 炭酸水素ナトリウムを加熱すると固体と水，二酸化炭素に分かれる。また，水を電気分解すると水素と酸素に分けられる。また，二酸化炭素は炭(炭素)を燃やしても発生する。これらのことから，水，水素，酸素，二酸化炭素，炭素のうち，単体と化合物はそれぞれどれか，答えなさい。(30点(完答))

炭酸水素ナトリウム
⟶ 固体 ＋ 水 ＋ 二酸化炭素
水 ⟶ 酸素 ＋ 水素
炭素 ＋ 酸素 ⟶ 二酸化炭素

単体	化合物

2 慎也さんは，炭酸水素ナトリウムを加熱し，発生した気体を捕集する実験を行った。これについて，あとの問いに答えなさい。(30点)

実験　①試験管A～Cを用意し，試験管Aに炭酸水素ナトリウムを入れ，試験管B，Cを水槽に沈めた。

②図のように，試験管Aを加熱し，はじめにガラス管の先端から出てきた気体を試験管Bに集め，そのあと出てきた気体を試験管Cに集めた。

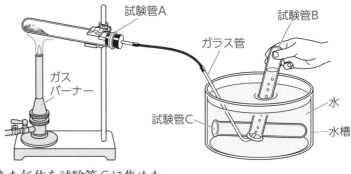

③気体の発生が終わったら，ガラス管の先端を水槽から出し，ガスバーナーの火を消した。

④試験管Aがじゅうぶんに冷めてから，試験管Aの中のようすを観察した。その結果，試験管Aには白い固体が残り，内側に液体がついていた。試験管B，Cにはそれぞれ無色の気体が集まった。

(1) 下の文章は，慎也さんが実験についてまとめたものである。①，②にはあてはまる語を，③にはあてはまる物質名をそれぞれ書きなさい。(各5点)

試験管Aの内側についた液体を乾いた塩化コバルト紙につけたところ，塩化コバルト紙の色が　①　色から　②　色に変わったため，炭酸水素ナトリウムを加熱すると水ができることがわかった。また，試験管Aに残った白い固体は　③　である。

(2) 試験管Cに集めた気体と同じ気体を発生させるには，うすい塩酸に何を加えたらよいか。次の**ア～エ**から適当なものを選び，記号で答えなさい。(15点)

ア マグネシウムリボン　**イ** 石灰石　**ウ** 亜鉛板　**エ** 炭素棒

(1)	①	②	③	(2)

〔山形－改〕

3 さとしさんは，気体の性質の違（ちが）いについて調べるために，酸素，水素，窒素（ちっそ），二酸化炭素のボンベをそれぞれ用意し，実験Ⅰ～Ⅲを行った。以下は，さとしさんがまとめたレポートの一部である。これについて，あとの問いに答えなさい。（40点）

実験Ⅰ それぞれの気体を別々の試験管にとり，気体のにおいをかいだ。

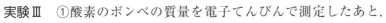

図1

火のついたマッチ

試験管

実験Ⅱ それぞれの気体を別々の試験管にとり，図1のように，試験管の口に火のついたマッチを近づけ，そのときのようすを観察した。

実験Ⅲ ①酸素のボンベの質量を電子てんびんで測定したあと，図2のように，メスシリンダーで気体をはかりとった。

② ①のあと，酸素のボンベの質量を電子てんびんで測定した。

③水素，窒素，二酸化炭素について，①，②と同様のことをそれぞれ行った。

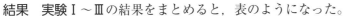

図2 メスシリンダー

水

ボンベ

水槽（すいそう）

結果 実験Ⅰ～Ⅲの結果をまとめると，表のようになった。

気体	におい	マッチの火を近づけたときのようす	はかりとった気体の体積〔mL〕	気体をはかりとる前のボンベの質量〔g〕	気体をはかりとったあとのボンベの質量〔g〕
酸素	なし	炎が大きくなった。	75	111.80	111.70
水素	なし	大きな音を立てて燃えた。	97	119.50	119.49
窒素	なし	変化はなかった。	86	137.29	137.19
二酸化炭素	なし	変化はなかった。	53	108.96	108.86

記述式 (1) 下線部について，安全ににおいをかぐにはどのようにすればよいか，書きなさい。（20点）

(2) 結果からわかることとして適切なものを，次の**ア**～**エ**から1つ選び，記号で答えなさい。（20点）

ア においがない気体は化学変化しない。

イ 水素は燃えるときに周囲から熱をうばう。

ウ 窒素の密度は 1.0 g/L より小さい。

エ 酸素の密度は水素の密度の 10 倍以上である。

(1)	(2)

〔山形－改〕

ヒント

2(1)塩化コバルト紙は，主に水の検出に用いる。

3(2)密度は質量〔g〕÷体積〔L〕によって求めることができる。

8 化学変化と化学反応式

重要点をつかもう

1 化学変化

もとの物質とは性質の異なる，別の物質ができる変化を**化学変化（化学反応）**という。

2 化学反応式

化学変化を化学式で表したもの。化学式の前の数字（係数）は，原子や分子の個数を示している（1は省略する）。

3 2種類以上の物質が結びつく反応

2種類以上の物質が結びつく化学変化では，**化合物**ができる。化合物は，反応前の物質とは別の性質をもつ。

- 鉄と硫黄の混合物を加熱すると，光と熱を出して激しく反応し，**硫化鉄**ができる。

$$Fe + S \longrightarrow FeS$$

$$2H_2O \longrightarrow 2H_2 + O_2$$

$\left(\begin{array}{l}\text{Hが2つ}\\\text{Oが1つ}\end{array}\right)$の物質

2つの水分子から

2つの水素分子と

1つの酸素分子ができる。

—Oの原子が2つ結びついて分子として存在する。

Step 1 基本問題

解答▶別冊8ページ

1 図解チェック⚡ 次の図の空欄に，適当な語句，数字を入れなさい。

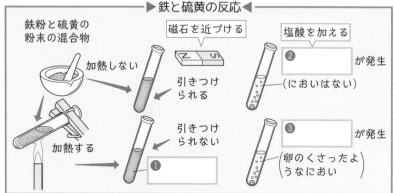

▶鉄と硫黄の反応◀

鉄粉と硫黄の粉末の混合物

加熱しない

磁石を近づける → 引きつけられる

塩酸を加える → ② が発生 （においはない）

加熱する → ①

引きつけられない

③ が発生 （卵のくさったようなにおい）

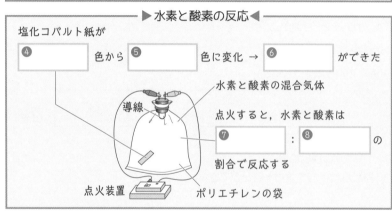

▶水素と酸素の反応◀

塩化コバルト紙が ④ 色から ⑤ 色に変化 → ⑥ ができた

水素と酸素の混合気体

導線

点火すると，水素と酸素は ⑦ ： ⑧ の割合で反応する

点火装置　ポリエチレンの袋

Guide

ことば 硫化鉄
硫化鉄は鉄原子と硫黄原子が1：1の割合で結びついた化合物である。

くわしく 金属の酸化
酸素と結びつく反応を酸化というが，物質によってその結びつき方は異なる。マグネシウムは激しく結びつき，熱や光を出す。また，金属がさびるのも，おだやかな酸化である。

2 ［鉄と硫黄の反応］鉄粉と硫黄の粉末を混ぜたものをＡ・Ｂの２つに分け，Ｂを右の図のように加熱した。次の問いに答えなさい。

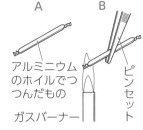
A　　　　B
アルミニウムのホイルでつつんだもの
ガスバーナー
ピンセット

記述式
(1) Ｂを加熱したとき，少し赤くなったときに加熱をやめたが反応が続いた。それはなぜですか。

[　　　　　　　　　　　　　　　　　　　　　　　]

(2) 磁石を近づけたとき，反応がないのはＡ・Ｂのどちらですか。

[　　　　　　]

(3) Ａ・Ｂを少量のうすい塩酸に入れたとき，発生した気体はそれぞれ何ですか。

A [　　　　　] B [　　　　　]

3 ［化学変化］水素と酸素が結びつく反応について，次の問いに答えなさい。

(1) 水素と酸素が結びついて水ができるときの化学変化を表したモデルとして適当なものを，次の**ア〜エ**のうちから１つ選び，記号で答えなさい。ただし，水素原子を○，酸素原子を●，水分子を○●○で表すものとする。

ア ○○ ＋ ● ⟶ ○●○

イ ○ ○ ＋ ● ⟶ ○●○

ウ ○○ ○○ ＋ ●● ⟶ ○●○ ○●○

エ ○ ○ ○ ○ ＋ ● ● ⟶ ○●○ ○●○

[　　　　　]

(2) 水素と酸素が結びついて水ができるときの化学変化を化学反応式で書きなさい。

[　　　　　　　　　　　　　　　　　　] 〔千葉－改〕

4 ［化学反応式］次の化学反応について，空欄にあてはまる数字または化学式を書き，化学反応式を完成させなさい。

(1) 炭酸水素ナトリウムが分解し，炭酸ナトリウム，二酸化炭素，水ができる化学反応

[　　　] $NaHCO_3$ ⟶ [　　　　　　] ＋ CO_2 ＋ H_2O

(2) 酸化銀が分解して，銀と酸素ができる化学反応

[　　　] Ag_2O ⟶ [　　　] Ag ＋ O_2

第1章
第2章
第3章
第4章
総仕上げテスト

くわしく　**塩化コバルト紙**
　塩化コバルト紙は，水があるかどうかを調べるときに用いる。水に反応して，青色から赤(桃)色に変化する。塩化コバルト紙は，塩化コバルトという，塩素とコバルトの化合物をろ紙にしみこませたものであり，塩化コバルト自体に水に反応して色が変わる性質がある。

注意　**硫化水素の性質**
　硫化水素は腐卵臭(卵のくさったようなにおい)がある気体で，空気より重い。有毒な気体であるため，吸いこまないように注意する。

注意　**酸化銀の分解**
　酸化銀は熱を加えると，酸素と銀に分解される。このとき，黒色の酸化銀が白色の銀に変化していくようすが見られる。

Step 2 標準問題

解答▶別冊8ページ

1 ［化学変化］鉄と硫黄の化合物を加熱したときの変化を調べるために，次の実験Ⅰ，Ⅱを行った。これについて，あとの問いに答えなさい。

実験Ⅰ 図1のように，乳ばちに鉄粉
5.6 g と硫黄（粉末）3.2 g を入れて乳棒
で十分に混ぜ合わせ，一部を試験管に
入れた。この試験管をガスバーナーで
加熱して，混合物の色が赤く変わりは
じめたところで加熱をやめた。その後
も反応が進んで鉄と硫黄はすべて反応
し，黒い物質が生じた。

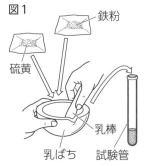

図1
鉄粉
硫黄
乳棒
乳ばち　試験管

実験Ⅱ 図2のように，試験管Aと試験管B
を用意した。試験管Aには，**実験Ⅰ**の乳ば
ちに残った粉末を少量入れ，試験管Bには，
実験Ⅰで生じた黒い物質を少量入れた。次
に，それぞれの試験管にうすい塩酸を数滴
加えると，両方の試験管からそれぞれ気体
が発生した。

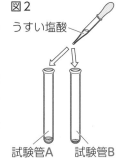

図2
うすい塩酸
試験管A　試験管B

1 (10点×4－40点)

(1)
(2)
(3)
(4)

ワンポイント
(4)硫化鉄に塩酸を加える
と，硫化水素が発生する。

(1) 図1の試験管をガスバーナーで加熱するとき，試験管の向
きと加熱する場所として，適切なものを，**図3**の**ア～エ**か
ら1つ選び，記号で答えなさい。

図3
脱脂綿
アイ　　ウエ

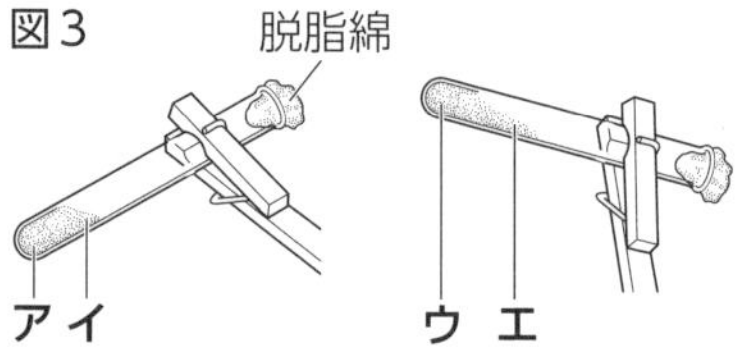

重要 (2) **実験Ⅰ**の下線部の黒い物質は何か，物質名を答えなさい。

(3) 図1の試験管を加熱したときに起こった化学変化を，化学反
応式で表しなさい。

(4) **実験Ⅱ**の試験管Aと試験管Bに，それぞれ発生した気体の性質
の組み合わせとして，適切なものを，次の**ア～ウ**から1つ選び，
記号で答えなさい。

	試験管A	試験管B
ア	無色・無臭で，空気中で火をつけると，音を立てて燃える。	無色で特有のにおいがあり，有毒である。
イ	無色・無臭で，空気中で火をつけると，音を立てて燃える。	黄緑色で刺激臭があり，殺菌作用がある。
ウ	無色で特有のにおいがあり，有毒である。	無色・無臭で，空気中で火をつけると，音を立てて燃える。

〔鳥取－改〕

2 [化学反応式] 次の化学反応式には誤りがある。係数に注意して，正しく書き表しなさい。

(1) H_2 + O_2 ⟶ H_2O

(2) $NaHCO_3$ ⟶ Na_2CO_3 + CO_2 + H_2O

(3) H_2 + N_2 ⟶ NH_3

(4) HCl ⟶ H_2 + Cl_2

3 [化学反応] 酸化銀を加熱したときの変化について調べるために，次の実験を行った。これについて，次の問いに答えなさい。

実験 ①乾いた試験管に酸化銀を少量入れ，ゴム栓をして，図のように，試験管の口を少し下げ，スタンドに固定し，ガラス管を石灰水の入った試験管に入れた。

②試験管を加熱し，加熱中の物質の変化と石灰水の変化を調べた。

③十分に加熱してから，ガラス管を石灰水の入った試験管の中から抜き，加熱をやめ試験管を冷ました。その後，加熱後に残った物質を観察した。

(1) 加熱中の石灰水はどのように変化するか，書きなさい。変化しない場合は「変化なし」と書くこと。

(2) 加熱後にできた物質の性質と，酸化銀を加熱したときの化学変化を表したモデルを組み合わせたものとして適切なのは，下の表の**ア～エ**のうちのどれか，記号で答えなさい。ただし，○は加熱後にできた物質をつくる原子1個を，●は酸化銀を加熱中に発生した気体をつくる原子1個を表すものとする。

2 (10点×4－40点)

(1)	
(2)	
(3)	
(4)	

3 (10点×2－20点)

(1)	
(2)	

酸化銀

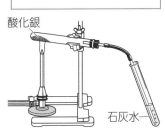

石灰水

ワンポイント

(1) 石灰水は，二酸化炭素を通すことで白く濁る。

	加熱後の物質の性質	酸化銀を加熱したときの化学変化を表したモデル
ア	固いものでこすると光沢が出て，電流が流れる。	○●○ ○●○ → ○○ ○○ + ●● 酸化銀 → 白い物質 + 発生した気体
イ	固いものでこすると光沢が出て，電流が流れる。	○●○ → ○○ + ●● 酸化銀 → 白い物質 + 発生した気体
ウ	水によく溶け，水溶液にフェノールフタレイン液を加えると濃い桃色になる。	○●○ ○●○ → ○○ ○○ + ●● 酸化銀 → 白い物質 + 発生した気体
エ	水によく溶け，水溶液にフェノールフタレイン液を加えると濃い桃色になる。	○●○ → ○○ + ● 酸化銀 → 白い物質 + 発生した気体

〔東京－改〕

41

9

2章 化学変化と原子・分子　　　　　　　　　　【　　月　　日】

酸化・還元と熱

🎯 **重要点をつかもう**

1 酸化と還元

　物質が酸素と結びつく反応を**酸化**といい，できた物質を**酸化物**という。酸化物から酸素がとり除かれる反応を**還元**という。酸化と還元は，化学変化の中で同時に起こる。

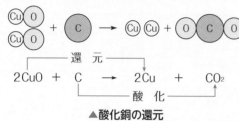

$$2CuO + C \longrightarrow 2Cu + CO_2$$

▲酸化銅の還元

2 燃焼

　光や熱を出しながら激しく進む酸化。

3 有機物の酸化

　有機物の成分元素である炭素と酸素が結びついて**二酸化炭素**が生じ，成分元素である水素と酸素が結びついて**水**が生じる。

4 発熱反応

　化学変化によって，熱を発生する反応。
　例　エタノールの燃焼
　エタノール＋酸素──→二酸化炭素＋水＋熱

5 吸熱反応

　化学変化によって，熱を吸収する反応。
　例　アンモニアの発生
　塩化アンモニウム＋水酸化バリウム
　　　──→アンモニア＋塩化バリウム＋水－熱

Step 1 基本問題

解答▶別冊9ページ

1 🖊**図解チェック**⚡ 次の図の空欄に，適当な語句を入れなさい。

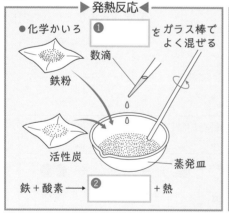

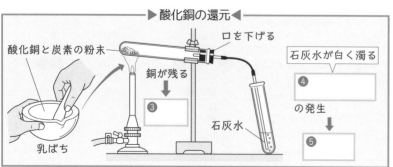

ことば　反応熱
　化学変化では必ず熱の発生，または吸収をともなう。化学変化が起こったときに発生または吸収する熱を反応熱という。

注意　発熱反応と吸熱反応
　化学変化によって，熱を発生する反応を発熱反応，熱を吸収し，温度を下げる反応を吸熱反応という。

注意　酸化と還元
　物質が酸素と結びついたとき酸化されたといい，酸化物が酸素をうばわれたとき還元されたという。

2 [酸化物] 次の各物質が完全燃焼すると，あとにできる物質は何か。物質名を答えなさい。液体と気体が発生するものは，そのどちらも答えなさい。

①木炭（炭素）　　　　　　　　[　　　　　　　　]
②銅　　　　　　　　　　　　　[　　　　　　　　]
③マグネシウム　　　　　　　　[　　　　　　　　]
④エタノール（液体と気体が発生する。）[　　　　　　　　]
⑤スチールウール（鉄）　　　　[　　　　　　　　]
⑥砂糖（液体と気体が発生する。）[　　　　　　　　]

3 [化学反応と熱] うすい塩酸を入れたビーカーに，うすい水酸化ナトリウム水溶液を加え，よく混ぜてから温度をはかると，最初の温度よりも上昇していた。次の問いに答えなさい。

(1) この化学反応は，熱が発生する反応，熱を吸収する反応のどちらですか。　　　　　　[　　　　　　　　]

(2) この化学反応と熱の出入りが同じ反応は，次の**ア**，**イ**のどちらの反応ですか。

　ア 塩化アンモニウムと水酸化バリウムの反応でアンモニアが発生した。

　イ エタノールが燃焼して，二酸化炭素と水ができた。
　　　　　　　　　　　　　　　　　　[　　　　　　　　]

4 [酸化銅の還元] 右の図のような装置を用いて，酸化銅と炭素の粉末との混合物を試験管に入れて加熱したところ，気体が発生し，銅が生じた。また，発生した気体は石灰水を白く濁らせた。次の問いに答えなさい。

酸化銅と炭素の粉末の混合物
石灰水

(1) 発生した気体は何か。化学式で書きなさい。
　　　　　　　　　　　　　　　　　　[　　　　　　　　]

(2) 酸化銅と炭素に起きた化学変化について正しく説明している文を，次の**ア〜エ**から選び，記号で答えなさい。[　　　　　　　　]

　ア 酸化銅は酸化され，炭素は還元された。
　イ 酸化銅は酸化され，炭素も酸化された。
　ウ 酸化銅は還元され，炭素は酸化された。
　エ 酸化銅は還元され，炭素も還元された。

〔沖縄－改〕

ことば　燃　焼
　物質が酸素と激しく結びつくことで，同時に多量の熱や光を発生する。

注意　完全燃焼
　十分な酸素が存在する状態でものが燃えた場合を完全燃焼という。しかし，酸素が不十分であると，すすを出したり，一酸化炭素を生じたりする。これを不完全燃焼という。

ことば　混合物と化合物
　混合物は，もとのそれぞれの物質の性質を残している。化合物は，もとのそれぞれの物質の性質を残していない。

くわしく　自然に進む反応
　自然に進む反応は，化学変化にともなって熱を発生するものが多い。
　例えば，物質の燃焼や鉄粉と硫黄の反応で硫化鉄が生じるときなどは，一度熱を与えるとあとは放置しても反応が進む。

ひと休み　還元の利用
　還元は，古代から鉄などの金属をつくり出す技術として使われてきた。

1 ［スチールウールの燃焼］スチールウール 1.5 g を
てんびんではかって，右の図のようにガスバーナー
で十分に燃焼させた。燃焼後，その重さをはかった
ら 2.1 g だった。これについて，次の問いに答えなさい。

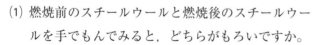

(1) 燃焼前のスチールウールと燃焼後のスチールウー
ルを手でもんでみると，どちらがもろいですか。

(2) スチールウールと結びついた酸素の重さは何 g で
すか。

(3) 燃焼前のスチールウールと燃焼後のスチールウールを，それぞ
れうすい塩酸に入れ，その反応の違いを調べた。泡（気体）が出
てくるのはどちらですか。

(4) (3)で発生した気体は何ですか。

(5) 燃焼後のスチールウールは何という物質に変わったか。名称を
書きなさい。

1 (6点×5−30点)

(1)

(2)

(3)

(4)

(5)

重要 2 ［ろうそくの燃焼］右の図のように，よく乾いた
集気びんの中でろうそくを燃やしたら，しばらくし
てろうそくは消え，①びんの内側は白くくもった。こ
のろうそくをとり出し，びんに石灰水を入れて振る
と，②石灰水は白く濁った。これについて，次の問い
に答えなさい。

(1) 下線部①で，びんの内側についた物質は何ですか。

(2) (1)の物質の存在を確かめるためには，何を使うとよいですか。

(3) (1)の物質ができたことから，ろうそくのロウには成分として何
が含まれていることがわかるか。次のア～カから1つ選び，記
号で答えなさい。

　ア 酸素　　イ 水素　　ウ 窒素
　エ 硫黄　　オ 炭素　　カ 塩素

(4) 下線部②で，石灰水を白く濁らせた物質は何ですか。

(5) (4)の物質ができたことから，ろうそくのロウには成分として何
が含まれていることがわかるか。(3)のア～カから1つ選び，記
号で答えなさい。

(6) この実験と同じ方法で燃やしたとき，下線部①，②の現象が起
こるのは，次のア～オのうちどれを燃やしたときか。あてはま

2 (7点×6−42点)

(1)

(2)

(3)

(4)

(5)

(6)

ワンポイント
(5)ロウのような有機物を
　燃焼させると，水と二
　酸化炭素ができる。

るものをすべて選び，記号で答えなさい。

ア 砂糖　**イ** スチールウール　**ウ** 木炭

エ エタノール　**オ** マグネシウムリボン

3 [酸化銅と炭素の混合物の加熱] 酸化銅の粉末と炭素の粉末を混合して試験管Ａの中に入れ，右の図のような装置で加熱する実験を行ったところ，銅ができ，同時に気体が発生した。これについて，次の問いに答えなさい。

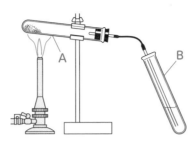

(1) 銅ができたことは，試験管Ａの中の混合物の色の変化でわかる。何色から何色に変化しますか。

(2) 銅ができたことは，他に何で確かめることができるか。次の**ア**〜**ウ**から選び，記号で答えなさい。

　ア 電流を流す。

　イ うすい塩酸を加えると水素を発生する。

　ウ 水酸化ナトリウム水溶液（すいようえき）を加えると溶（と）ける。

(3) この反応のように，酸化物から酸素がとり除かれる反応を何といいますか。

(4) 発生した気体が何であるかを確かめるために，試験管Ｂに入れる液体は何が適当ですか。

(5) この実験で発生した気体は，別の反応によってもつくることができる。次のうち，この実験と同じ気体が発生するのはどれか。下の**ア**〜**エ**から選び，記号で答えなさい。

　ア 二酸化マンガンにうすい過酸化水素水を加える。

　イ 石灰石（せっかいせき）にうすい塩酸を加える。

　ウ 亜鉛（あえん）にうすい硫酸（りゅうさん）を加える。

　エ 水酸化ナトリウム水溶液に塩酸を加える。

重要 (6) 酸化銅は水素ガスとも反応して，銅ができる。このとき，銅とともにできる物質を書きなさい。

(7) 酸化銀は加熱しただけで銀ができるが，酸化銅は加熱しただけでは銅はできず，この実験のように炭素と混合して加熱することによって銅にすることができる。このことから，銅原子，銀原子，炭素原子のそれぞれが酸素原子と結びつく強さを考え，結びつきの強いものから順に書きなさい。

〔立命館高－改〕

3 (4点×7−28点)

(1)	
(2)	
(3)	
(4)	
(5)	
(6)	
(7)	

第1章 第2章 第3章 第4章 総仕上げテスト

ワンポイント

(6) 酸化銅を水素ガスで還（かん）元（げん）すると，水素が酸素と結びつく。

10 化学変化と物質の質量

🎯 重要点をつかもう

1 質量保存の法則

　化学反応の前後で，物質の質量の合計は変化しない。したがって，物質を酸化させると，酸素の質量の分だけもとの物質の質量よりも大きくなる。

　　銅　＋　酸素　⟶　酸化銅

　上の図のように，反応の前後で，銅原子の個数，酸素原子の個数は変化しない。

2 反応する物質の割合

　2種類の物質が結びつく反応では，いつも一定の質量の割合で結びつく。

・銅と酸素が結びついて酸化銅ができる反応では，銅と酸素は **4：1** の割合で結びつく。

・マグネシウムと酸素が結びついて酸化マグネシウムができる反応では，マグネシウムと酸素は **3：2** の割合で結びつく。

Step 1 基本問題

解答▶別冊10ページ

1 　図解チェック⚡　次の図の空欄に，適当な語句，化学式，数字を入れなさい。

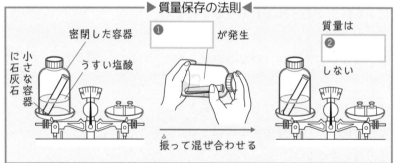

▶質量保存の法則◀

密閉した容器

うすい塩酸

に石灰石　小さな容器

❶　　　　が発生

振って混ぜ合わせる

質量は
❷
しない

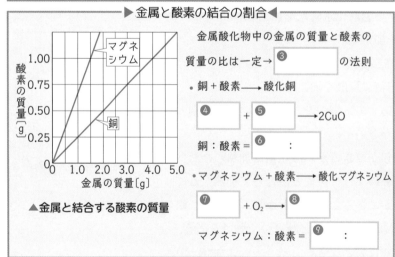

▶金属と酸素の結合の割合◀

酸素の質量〔g〕

マグネシウム

銅

金属の質量〔g〕

▲金属と結合する酸素の質量

金属酸化物中の金属の質量と酸素の質量の比は一定→❸　　　　の法則

・銅＋酸素⟶酸化銅

❹　＋　❺　⟶2CuO

銅：酸素＝❻　　：

・マグネシウム＋酸素⟶酸化マグネシウム

❼　＋O_2⟶❽

マグネシウム：酸素＝❾　　：

Guide

⚠ 注意　**酸素の質量**

　質量保存の法則より，酸化物の質量−反応前の金属の質量＝反応した酸素の質量

🎓 くわしく　**質量保存の法則がなりたつ理由**

　物質はすべて原子からできており，化学変化ではその原子の結びつき方が変わるだけで，反応の前後で原子が新しくできたり，消滅したりしないため，質量は反応の前後で変化しない。

2 [質量保存の法則] 右の図のようにふたの あるびんの中に少量の鉄粉とうすい塩酸を 入れ，反応前と反応後のそれぞれの質量を 比べる実験をした。次の問いに答えなさい。

反応前 反応後

(1) 上皿てんびんを使うとき，つりあったと 判断するのは次の**ア〜ウ**のどんなときですか。 [　]
　　ア 針が目盛りのまん中に止まるとき
　　イ 針の左右の振れが等しいとき
　　ウ 指で針を止めて動かないとき

(2) このびんの中で発生する気体は何ですか。 [　]

(3) 反応前の質量が 50.5 g とすると，反応後の質量は何 g になり ますか。 [　]

(4) びんのふたをゆるめて反応させると，反応後の質量は 50.5 g と比べてどうなりますか。 [　]

(5) 化学変化の前後で質量が変わらないことを何の法則といいま すか。 [　]

3 [銅の酸化] 右の図は，銅と酸素が完 全に反応して酸化銅ができるときの，銅 と酸化銅の質量の関係をグラフに表した ものである。これについて，次の問いに 答えなさい。

(1) 銅と酸素が反応して酸化銅ができる ときの化学反応式を書きなさい。 [　]

(2) 2.0 g の銅を酸素と完全に反応させると，酸化銅の質量は何 g になるか，求めなさい。 [　]

(3) 酸化銅に含まれる銅の質量と酸素の質量の比を，最も簡単な 整数の比で表しなさい。 [　]

(4) 酸化銅の粉末 4.0 g を十分な量の炭素の粉末を用いて完全に還 元したとき，二酸化炭素 1.1 g が発生した。このことについて， 次の①，②の問いに答えなさい。ただし，発生した二酸化炭 素は，すべて，酸化銅と炭素が反応して生じたものとする。
①このとき生じた銅の質量は何 g か，求めなさい。
　　　　　　　　　　　　　　　　　　　[　]
②酸化銅 4.0 g と反応した炭素の質量は何 g か，求めなさい。
　　　　　　　　　　　　　[　] 〔新潟−改〕

注意 **質量保存の法則 の確認**
密閉された容器の中では物質 の出入りがないので，反応の 前後の質量は等しい。

注意 **酸化物の質量**
酸化物の質量は，も との物質の質量と，結びつい た酸素の質量の和である。

注意 **酸化銅の還元**
酸化銅を炭素の粉末 で還元すると，質量の比で
　銅：酸素＝4：1 の割合で結 びついているので，その割合 の銅が生じる。

くわしく **炭素と酸素の反応**
炭素と酸素が完全に 反応すると二酸化炭素になる。 質量の比で炭素：酸素＝3：8 の割合で結びつく。

Step **2** 標準問題

| | 時間 30分 | 合格点 70点 | 得点 点 |

解答▶別冊10ページ

重要 **1** ［質量保存の法則］次の(1)〜(4)のように，物質を1gはかりとっ て，蒸発皿に入れ，空気中で十分に強く熱した。十分に冷えてか らその質量をはかったが，そのときのそれぞれの結果の説明で， 正しいものには○印を，誤っているものには×印をつけなさい。

(1) 酸化マグネシウムの粉末1gを強く熱した。

　　(結果)強く熱したが，質量は変わらなかった。

(2) マグネシウムの粉末1gを強く熱した。

　　(結果)強く熱したら，酸化マグネシウムができてマグネシウム と結びついた酸素の分だけ質量が増えた。

(3) 木炭の粉末1gを強く熱した。

　　(結果)二酸化炭素ができて，結びついた酸素の分だけ質量が大 きくなった。

(4) 砂糖の粉末1gを強く熱した。

　　(結果)最初は炭化して，できた炭素の分だけ質量が大きくなっ た。

1 (6点×4−24点)

(1)	
(2)	
(3)	
(4)	

ワンポイント

(3)木炭の粉末を強く熱す ると，二酸化炭素がで きる。

重要 **2** ［化学変化と物質の質量］化学変化と物質の質量に関する次の 問いに答えなさい。

実験　図のように，ステンレス皿に 銅粉0.40gを入れ，十分に加熱し， 完全に反応させた。ステンレス皿 が冷えてから，加熱後の酸化物の 質量を測定すると0.50gであっ た。次に，銅粉の質量を変えて，同じ方法で実験を行った。表は， その結果をまとめたものである。

ステンレス皿　銅粉　ガスバーナー

加熱前の銅の質量〔g〕	0.40	0.60	0.80	1.00
加熱後の酸化物の質量〔g〕	0.50	0.75	1.00	1.25

(1) 加熱前の銅は赤茶色であったが，加熱後は黒色の酸化物に変化 した。このときの化学変化を，化学反応式で書きなさい。

(2) ある質量の銅粉を用いて，上の実験と同じ方法で実験を行うと， 1.60gの酸化物が得られた。用いた銅粉の質量は何gですか。

(3) 真空状態下で銅粉0.40gを上の実験と同じ方法で加熱すると， 得られた酸化物の質量は何gですか。

〔愛媛−改〕

2 (8点×3−24点)

(1)	
(2)	
(3)	

ワンポイント

(2)加熱前の銅の質量と加 熱後の酸化物の質量の 比を求める。

3 [マグネシウムの反応] マグネシウムを空気中で加熱すると化合物が得られる。表は加熱前のマグネシウムと加熱後の化合物の質量をはかった結果である。次の問いに答えなさい。

マグネシウムと加熱後の化合物の質量

マグネシウム〔g〕	化合物〔g〕
0.3	0.5
0.6	1.0
0.9	1.5
1.2	2.0
1.5	2.5

(1) マグネシウムを加熱してできた化合物を何といいますか。

(2) マグネシウムと，結びついた酸素の質量の比(Mg：O)はいくらですか。

(3) マグネシウムと酸素が結びついて酸化マグネシウムができるとき，マグネシウムと結びつく酸素の質量には，どのような関係がありますか。

(4) この反応の化学反応式を書きなさい。

3 (4点×4−16点)

(1)

(2)

(3)

(4)

4 [酸化銀の反応] 酸化銀の性質を調べるために，次の実験を行った。これについて，あとの問いに答えなさい。

実験　①黒色の酸化銀 5.8 g を試験管Aに入れ，右の図のような装置で加熱したところ，気体が発生した。

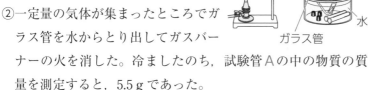

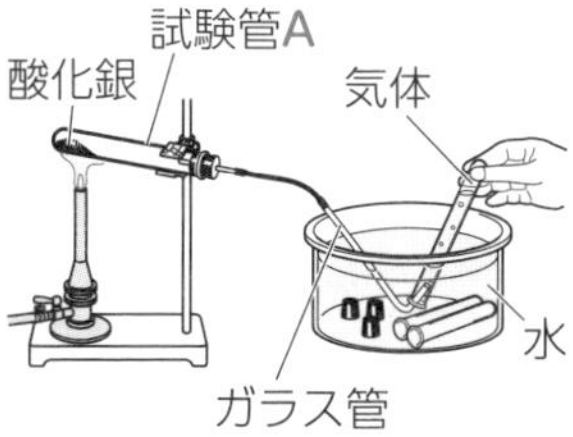

②一定量の気体が集まったところでガラス管を水からとり出してガスバーナーの火を消した。冷ましたのち，試験管Aの中の物質の質量を測定すると，5.5 g であった。

③ ②に続けて，試験管Aの気体が発生しなくなるまで十分加熱した。冷ましたのち，試験管Aの中の物質の質量を測定すると，5.4 g であった。

右の表は，①～③の結果をまとめたものである。

	物質の質量〔g〕
①の加熱前	5.8
②の加熱後	5.5
③の加熱後	5.4

(1) ①で，下線部の化学変化を，化学反応式で書きなさい。

記述式 (2) ①で，図のような気体の集め方を水上置換法というが，発生した気体をこの方法で集めることができるのは，この気体にどのような性質があるからか，簡潔に書きなさい。

(3) ②の加熱後，分解せずに残っている酸化銀は，加熱前の何％か，整数で求めなさい。

〔大分−改〕

4 (12点×3−36点)

(1)

(2)

(3)

ワンポイント

(1)酸化銀を加熱すると還元反応が起こる。

Step 3 実力問題②

	時間	合格点	得点
	30分	70点	点

解答▶別冊11ページ

1 丸底フラスコに酸素と銅の粉末を入れ，バーナーで加熱して反応させた。毎回フラスコに入れる酸素の質量は 0.30 g とし，銅の粉末の質量を変えて実験したところ，表1のような結果を得た。このとき反応による生成物は1種類のみであった。次の問いに答えなさい。(42点)

表1

入れた銅の粉末の質量〔g〕	0.40	0.60	0.80	…	1.50	2.10	2.70
反応後の粉末の質量〔g〕	0.50	0.75	1.00	…	1.80	2.40	3.00

(1) 銅と酸素の反応を化学反応式で書きなさい。

(6点)

(2) a〔g〕の酸素と過不足なく反応する銅の質量を b〔g〕とすると，c〔g〕の酸素と過不足なく反応する銅の質量は何 g か。a, b, c の文字をすべて用いて答えなさい。(8点)

重要 (3) 「フラスコ内に入れた銅の粉末の質量」を「反応後の粉末中の酸素の質量」で割った値を表1を参考に求め，その値を縦軸に，「フラスコに入れた銅の粉末の質量」を横軸にとってグラフを描きなさい。その際，フラスコ中の酸素と銅の粉末が過不足なく反応する点をグラフ上に求め，その点に○をつけなさい。(8点)

銅とは別の種類の金属Xを用意した。金属Xは酸素と反応してただ1種類の酸化物をつくる。この金属Xの粉末を，銅の粉末と酸素とともに丸底フラスコに入れ，バーナーで加熱して反応させた。毎回フラスコに入れる銅の粉末の質量と金属Xの粉末の質量は一定とし，酸素の質量をさまざまに変えて実験したところ，表2のような結果を得た。反応後の粉末を調べたところ，この中の銅と反応した酸素の質量と，金属Xと反応した酸素の質量は毎回両方とも同じだった。

表2

入れた酸素の質量〔g〕	0	0.50	1.00	1.50	2.00
加熱後の粉末の質量〔g〕	3.57	4.07	4.57	4.83	4.83

(4) 表2より，フラスコ内の銅の粉末と金属Xの粉末を，同時に過不足なく反応させるのに必要な酸素の質量を求めなさい。(10点)

難問 (5) 金属X 1.00 g と過不足なく反応する酸素の質量を求めなさい。(10点)

(1)	(2)	(3)
		(図に記入)
(4)	(5)	

〔愛光高−改〕

2 化学変化に関する次の問いに答えなさい。(58点)

実験1　図1のように，ステンレス皿A〜Eを用意し，質量 12.88 g のステンレス皿Aにマグネシウム粉末を入れ，ステンレス皿を含めた全体の質量を測定すると，13.18 g であった。こ

れを、**図2**のように加熱し、マグネシウムをすべて酸化マグネシウムに変化させた後、ａステンレス皿を含めた全体の質量を測定すると、13.38 g であった。続いて、ステンレス皿Ｂ〜Ｅに、それぞれ異なる質量のマグネシウム粉末を入れ、ステンレス皿Ａの場合と同じ方法で実験を行った。この実験において、ステンレス皿の質量は、加熱の前後で変化しなかった。**表1**は、**実験1**の結果をまとめたものである。

図1
マグネシウム粉末
ステンレス皿A
B　C
D　E
電子てんびん

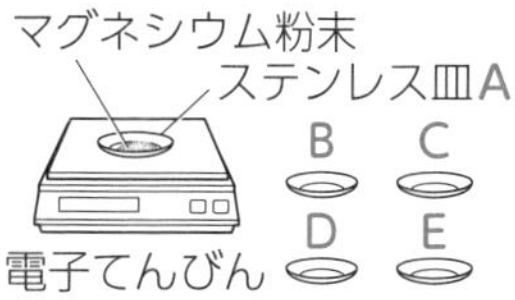

図2
マグネシウム粉末
ステンレス皿A
ガスバーナー　三角架

(1) 下線部ａの 13.38 g のうち、酸化マグネシウムは何 g ですか。(6点)

(2) **実験1**で、加熱前のマグネシウムの質量と、加熱してできた酸化マグネシウムの質量との関係はどうなるか。**表1**をもとに、その関係を表すグラフを下に描きなさい。(10点)

(3) **実験1**の酸化マグネシウムに含まれるマグネシウムと酸素の質量比を、最も簡単な整数の比で答えなさい。(8点)

(4) **実験1**のマグネシウム粉末を銅粉に変えて、銅を加熱したときの質量変化について調べた。銅粉 3.20 g を加熱したところ、加熱が不十分であったため、銅と酸化銅の混合物になり、その混合物の質量は 3.70 g であった。このとき、反応しないで残った銅は何 g ですか。ただし、酸化銅に含まれる銅と酸素の質量比は 4 : 1 である。(10点)

実験2 酸化銅と炭素の粉末をよく混ぜ合わせた。これを**図3**のように試験管Ｘに入れて加熱すると、気体が発生して試験管Ｙの石灰水が白く濁り、試験管Ｘの中に赤色の銅ができた。この後、ｂガラス管を石灰水からとり出し、ガスバーナーの火を消した。

表1 ［加熱後には、マグネシウムはすべて酸化マグネシウムに変化している。］

ステンレス皿	ステンレス皿の質量〔g〕	ステンレス皿を含めた全体の質量〔g〕	
		加熱前	加熱後
A	12.88	13.18	13.38
B	12.86	13.46	13.86
C	12.85	13.75	14.35
D	12.83	14.03	14.83
E	12.87	14.37	15.37

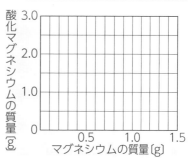
（グラフ：縦軸 酸化マグネシウムの質量〔g〕 0〜3.0、横軸 マグネシウムの質量〔g〕 0.5〜1.5）

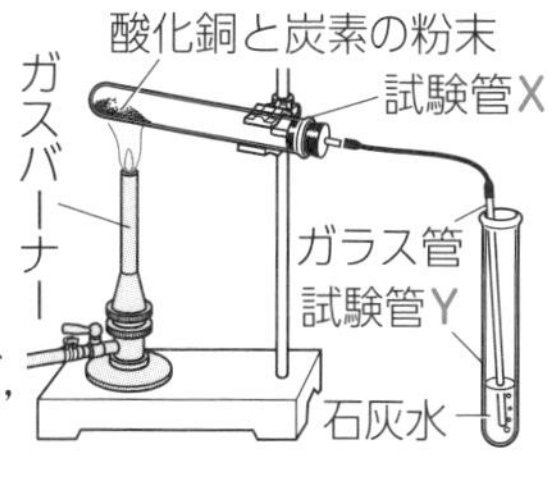

記述式 (5) **実験2**で、ガスバーナーの火を消す前に、下線部ｂの操作を行うのはなぜか。その理由を「石灰水」という言葉を用いて簡単に書きなさい。(10点)

図3
酸化銅と炭素の粉末
ガスバーナー
試験管Ｘ
ガラス管
試験管Ｙ
石灰水

(6) 次の文の①、②の［　］の中から、それぞれ適当なものを1つずつ選び、記号で答えなさい。(各7点)

　実験2で、酸化銅は炭素によって①［ア　酸化　　イ　還元］されて銅になった。また試験管Ｘの中にある固体の物質の質量の合計は、加熱によって②［ア　増加した　　イ　減少した］。

(1)	(2) (図に記入)	(3)	(4)
(5)		(6) ①	②

〔愛媛－改〕

11 生 物 と 細 胞

⊙← 重要点をつかもう

1　細胞

　生物を構成している最小単位。細胞は顕微鏡を使わないと観察できないくらい小さなものがほとんどである。

2　細胞のつくり

- 1個の**核**とそれをとりまく**細胞質**からなる。
- 細胞質は**細胞膜**で包まれ、外と区別される。
- 植物細胞には、**葉緑体**、**細胞壁**、発達した**液胞**が見られる。

3　単細胞生物と多細胞生物

　からだが1つの細胞からできている生物を**単細胞生物**という。からだが複数の細胞からできている生物を**多細胞生物**という。

4　組織と器官

　組織とは、形やはたらきが同じ細胞の集まりのことをいう。組織が組み合わさって、1つのはたらきを行う部分を**器官**という。器官が集まって個体のからだをつくる。

Step **1** 基 本 問 題

解答▶別冊12ページ

1　図解チェック⚡ 次の図の空欄に、適当な語句を入れなさい。

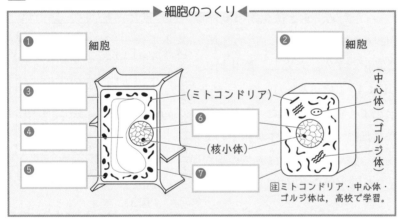

▶細胞のつくり◀

① 　　　　　　　細胞
② 　　　　　　　細胞
③
④
⑤
⑥
⑦
（ミトコンドリア）
（核小体）
（中心体）
（ゴルジ体）

注 ミトコンドリア・中心体・ゴルジ体は、高校で学習。

▶組織と器官◀

葉
茎
根
⑧
⑨
表皮
⑩
組織
表皮
⑪

Guide

注意　細胞のつくり

　核、細胞膜は動物と植物に共通したつくり。葉緑体、細胞壁、発達した液胞は、植物細胞のみに見られる。その他に、ミトコンドリア、小胞体、リボソーム、ゴルジ体などの共通したつくりがある。

ひと休み　細胞の発見

　1665年、ロバート・フックがコルクの小片を顕微鏡で観察しているときにこの構造を発見し、「cell(＝小さな部屋)」と名づけた。

ことば　細胞壁

　細胞壁は、植物のからだを支えるはたらきがある。

2 ［動物細胞の観察］ヒトのほおの内側の
細胞を採取し，酢酸カーミン液で染めてか
ら，顕微鏡で観察した。これについて，次
の問いに答えなさい。

約150倍

(1) 各細胞には他の部分よりも濃く染まった部分が1つずつあっ
た。この濃く染まった部分の名称を答えなさい。
［　　　　　　　　　　　］

(2) ほおの内側の細胞などの動物細胞に見られる特徴を下の**ア**〜
オから2つ選び，記号で答えなさい。［　　　］［　　　］
ア 細胞膜をもつ。　　**イ** 細胞壁をもつ。　　**ウ** 葉緑体をもつ。
エ 発達した液胞をもつ。　　**オ** 液胞はあまり見られない。

3 ［植物細胞の観察］右の図は高等植
物の細胞を顕微鏡で見たものである。
次の問いに答えなさい。

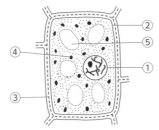

(1) 図の中に示されている①〜⑤の部
分の名称を次の**ア**〜**オ**から選び，
記号で答えなさい。
① ［　　］ ② ［　　］ ③ ［　　］ ④ ［　　］ ⑤ ［　　］
ア 液胞　　**イ** 細胞壁　　**ウ** 細胞膜　　**エ** 核　　**オ** 葉緑体

(2) 動物細胞にないものを図中より3つ選び，番号で答えなさい。
［　　　　　　　　　　　］

(3) 光合成を行っている所を図中より1つ選び，番号で答えなさい。
［　　　　　　　　　　　］

(4) 細胞を顕微鏡で観察するとき，染色に使用する溶液の名称を
答えなさい。　　　［　　　　　　　　　　　］〔大阪青凌高−改〕

4 ［動物細胞と植物細胞］右の図は，
ある池の水を採取して見つかった微生
物のスケッチである。次の問いに答え
なさい。

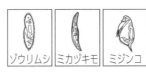
ゾウリムシ　ミカヅキモ　ミジンコ

(1) 図のゾウリムシとミカヅキモの2つに共通している細胞のつ
くりの組み合わせを，次の**ア**〜**エ**から選びなさい。［　　　］
ア 細胞膜と葉緑体　　**イ** 細胞膜と核　　**ウ** 細胞壁と核
エ 細胞壁と液胞

(2) 図のミジンコは，たくさんの細胞からできている。このよう
な生物を何といいますか。　　　［　　　　　　　　　　］〔高知−改〕

注意 **細胞の染色**
核は酢酸カーミン液
のような染色液で染めると観
察しやすい。葉緑体や色素を
含む液胞などを除くと，細胞
は透明である。

くわしく **動物細胞の観察**
ヒトの口の中の粘膜
は次々と新しくなっている。
顕微鏡で見ているのは古く
なってはがれた粘膜の一部で
ある。

ことば **葉緑体**
光合成は葉緑体で行
われる。葉緑体には，緑色の
色素が含まれている。

ことば **■単細胞生物**
生命活動のすべてを
1つの細胞で行うので，細胞
は大きく複雑である。
■多細胞生物
それぞれの細胞が役割分担を
するので，はたらきに応じて
構造が異なる。

ひと休み **ミトコンドリアと
ゴルジ体**
ミトコンドリアは呼吸の場，
ゴルジ体はさまざまな分泌活
動を行っている。

Step 2 標準問題

	時間	合格点	得点
	30分	70点	点

解答▶別冊12ページ

1 [細胞の観察] ほおの内側の細胞を次の方法で観察した。次の問いに答えなさい。

観察　①ほおの内側を綿棒で軽くこすりとり，こすりとったものをスライドガラスにこすりつけた。そして，酢酸オルセイン液を滴下し，カバーガラスをかけてプレパラートにした。

②顕微鏡に「10×」の接眼レンズをとりつけ，対物レンズは「10」にして，プレパラートをステージにのせ，細胞にピントを合わせた。

濃い赤色に染まった部分

その後，対物レンズを「40」にかえて細胞を観察した。図は，そのとき観察した細胞をスケッチしたものである。

(1) 図のスケッチで示された，濃い赤色に染まった部分は何か。その名称を書きなさい。

(2) 次のア～エのうち，動物細胞と植物細胞に共通して見られるつくりはどれか。正しいものを1つ選び，記号で答えなさい。

ア 細胞壁　　イ 細胞膜　　ウ 葉緑体　　エ 液胞

(3) 細胞をスケッチしたときの顕微鏡の倍率は何倍ですか。

〔宮城－改〕

1 (8点×3－24点)

(1)	
(2)	
(3)	

ワンポイント
(3)顕微鏡の倍率は，接眼レンズの倍率×対物レンズの倍率　になる。

2 [アジサイの組織] 図1はアジサイの葉のスケッチであり，図2はある植物の葉の断面の模式図である。これについて，次の問いに答えなさい。

図1

図2
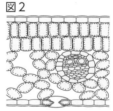

(1) 図1で見られるような葉脈を何というか，書きなさい。

(2) 図2の ◯ で囲んだ部分の，細長い2つの細胞が向かい合い，開いたり閉じたりしている穴を何といいますか。　〔佐賀－改〕

2 (7点×2－14点)

(1)	
(2)	

ワンポイント
(2)植物の呼吸は，この穴を通して行われている。

3 [顕微鏡での観察] 図1は、ツユクサのスケッチである。次の観察について、あとの問いに答えなさい。

観察1　ツユクサのある器官の一部を用いて、プレパラートをつ

くった。次に，顕微鏡で，倍率が10倍

の接眼レンズと，10倍の対物レンズを用

いて観察した。図2

はそのときのスケッ

チである。

図1

花

茎(くき)

葉

根

図2

観察2 接眼レンズは

そのままで，対物レ

ンズをかえて，400倍で観察したところ，2つの三日月形をした

細胞(さいぼう)と細胞に囲まれたすきまがはっきりと観察できた。

(1) 組織とはどのような細胞の集まりか。次の**ア〜エ**から選び，記

号で答えなさい。

    ア 同じ形や大きさで，はたらきが異なる細胞の集まり

    イ 同じ形や大きさで，はたらきが同じ細胞の集まり

    ウ 異なる形や大きさで，はたらきが異なる細胞の集まり

    エ 異なる形や大きさで，はたらきが同じ細胞の集まり

(2) 図2は，どの器官の何という組織か。器官名は図1から，組

織名は次の**ア〜エ**から選び，記号で答えなさい。

    ア 上皮組織　　**イ** 葉脈組織　　**ウ** 表皮組織　　**エ** 筋組織

(3) 図2の組織のはたらきを説明するものを次の**ア〜エ**から選び，

記号で答えなさい。

    ア　水蒸気を吸収する部分である。

    イ　二酸化炭素を吸収し，酸素を排出(はいしゅつ)する。

    ウ　酸素を吸収し，二酸化炭素を排出する。

    エ　酸素や二酸化炭素の出入り，水の蒸散に関係する。

(4) **観察2**で，400倍で観察するには，対物レンズの倍率を何倍に

すればよいですか。

(5) **観察2**での顕微鏡で見える範囲と視野の明るさは，**観察1**の

ときと比べて，それぞれどうなりますか。

(6) 顕微鏡で「あ」の文字を見たとき，どのように見えるか，次の

ア〜エから選び，記号で答えなさい。

    ア あ　　**イ** ⱯĦ　　**ウ** ⱯⱯ　　**エ** ⱯⱯ

図3

あ

(7) 図3の「あ」の位置にあるものを視野の中

央にもってくるとき，どの方向にプレパラー

トを動かせばよいか。次の**ア〜エ**から選び，記号で答えなさい。

    ア 右上　　**イ** 右下　　**ウ** 左上　　**エ** 左下

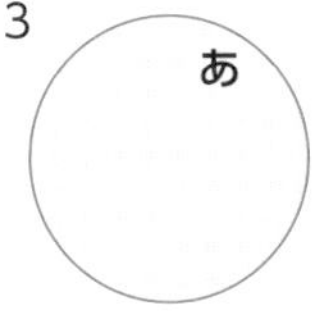

3 ((1)〜(5)各6点，(6)・(7)各10点—62点)

(1)	
(2)	器官
	組織
(3)	
(4)	
(5)	範囲
	明るさ
(6)	
(7)	

┌─ **ワンポイント** ─┐

(6) 顕微鏡で観察すると，上

下左右が逆に見える。

12 根・茎・葉のはたらき

重要点をつかもう

1 根のつくりとはたらき

植物の根には，**主根**と**側根**があるものと，**ひげ根**だけのものとがある。根は，茎や葉を支え，土の中から水や養分を吸収する。また，栄養分を蓄えるはたらきもある。根の先端には，**根毛**という細かい毛のようなものがある。

2 茎のつくりとはたらき

茎には，からだを支えるじょうぶな細胞があり，**道管**と**師管**が通っている。茎は，植物のからだを支え，水や養分の通り道となる。

3 葉のつくりとはたらき

葉には，葉緑体のつまった細胞がたくさん並んでいる。葉の表皮には，**気孔**という，三日月形の細胞に囲まれたすきまがある。葉では**光合成**を行い，栄養分をつくっている。

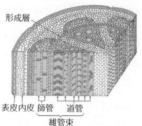

形成層

表皮 内皮 師管 道管

維管束

▲双子葉類の茎のつくり

Step 1 基本問題

解答▶別冊12ページ

1 図解チェック⚡ 次の図の空欄に，適当な語句を入れなさい。

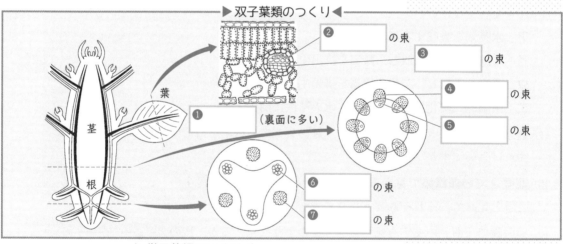

▶双子葉類のつくり◀

② ___ の束

③ ___ の束

④ ___ の束

⑤ ___ の束

① ___ （裏面に多い）

⑥ ___ の束

⑦ ___ の束

葉

茎

根

▶単子葉類のつくり◀

トウモロコシの茎の横断面

⑧ ___

⑨ ___

⑩ ___

Guide

ことば 維管束

水の通り道である道管，栄養分の通り道である師管などが集まり維管束をつくっている。維管束は，根・茎・葉に見られる。

2 [根のつくりとはたらき] 次の[ ]の中にあてはまる語句を書きなさい。

ヒマワリ・ホウセンカの根は，茎に続く[① 　　　]とこれから枝分かれした[② 　　　]の区別がある。これに対して，トウモロコシ・ツユクサの根は，太さのほぼ同じような[③ 　　　]が多数出ている。どちらの根も，先端近くには無数の[④ 　　　]が生えており，土中の水や養分を吸収する[⑤ 　　　]が広くなるようなつくりをしている。根は，水や養分を吸収するほか，地上部を支えたり，[⑥ 　　　]を蓄えたりする。

3 [茎の断面] 右の図は，植物の茎の縦断面である。これについて，次の問いに答えなさい。

(1) 図のＡ，Ｂはそれぞれ何ですか。

Ａ[　　　]　Ｂ[　　　]

(2) Ａ，Ｂの説明として適切なものの記号を，次のア～エから1つずつ選びなさい。

Ａ[　　　]　Ｂ[　　　]

ア インクで着色した水にさしておくと染まる部分
イ ヨウ素液で反応が見られる部分
ウ 葉でつくられた栄養分が運搬される部分
エ 成長がさかんに行われている部分

4 [葉脈・根] ネギとハクサイが単子葉類か双子葉類かということと，根の特徴について述べたものとして適切なものはどれか。次のア～エから選び，記号で答えなさい。

[　　　]

ア ネギは単子葉類で主根と側根をもち，ハクサイは双子葉類でひげ根をもつ。
イ ネギは単子葉類でひげ根をもち，ハクサイは双子葉類で主根と側根をもつ。
ウ ネギは双子葉類で主根と側根をもち，ハクサイは単子葉類でひげ根をもつ。
エ ネギは双子葉類でひげ根をもち，ハクサイは単子葉類で主根と側根をもつ。

ハクサイ

ネギ

〔東 京〕

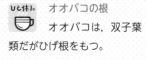

ひと休み **オオバコの根**
オオバコは，双子葉類だがひげ根をもつ。

注意 **茎の維管束**
茎の維管束では，内側に道管の束，外側に師管の束が並ぶ。双子葉類では，両者の間に形成層がある（形成層は維管束に含まない）。

ことば **■道 管**
根で吸収した水分や養分の通路。細胞壁は厚く木化してかたい。上下の細胞壁はなく，側壁は厚さの違いによっていろいろな模様をつくっている。

■師 管
葉でつくられた栄養分の通路。細胞壁はうすく，上下の細胞壁には小さな多数の穴があり師板とよばれる。

くわしく **形成層**
単子葉類にはない。双子葉類に見られ，形成層の外側には師管が，内側には道管がある。

ことば **気 孔**
一般に葉の裏側に多く，表側には少ない。茎にもわずかながら存在する。

Step 2 標準問題

解答▶別冊12ページ

1 [葉の断面・表面，茎（くき）の断面] 図1はある緑色植物の葉の断面，図2は葉の一部分，図3は茎の断面をそれぞれ模式的に示したものである。次の問いに答えなさい。

図1

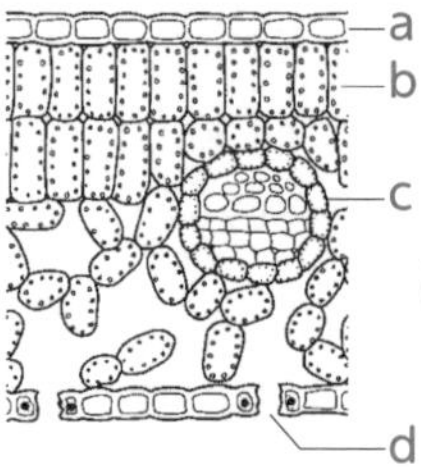

a
b
c
d

図2

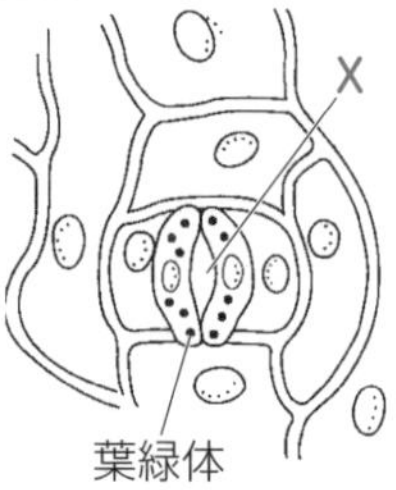

X
葉緑体

図3

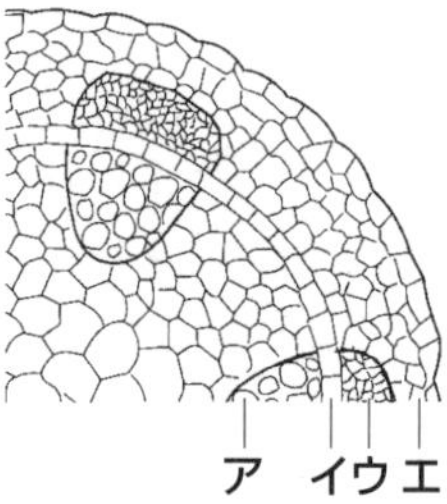

ア イウエ

表

ア	イチョウ
イ	ヒマワリ
ウ	マツ
エ	ワラビ
オ	ホウセンカ
カ	ゼンマイ

(1) 図2のXは，図1のa〜dのどこか。1つ選んで記号を書きなさい。また，Xの名称（めいしょう）を書きなさい。

(2) 図3で，根から吸収された水や養分が通る管はア〜エのどれか。1つ選んで記号を書きなさい。また，その名称を書きなさい。

(3) 図3で，アとウをまとめて何といいますか。

(4) 図1〜図3のような組織をもつ植物で，胚珠（はいしゅ）が子房（しぼう）に包まれているものを右上の表のア〜カから2つ選びなさい。

(5) 師管で運ばれる最も重要な物質は何か。次のア〜オから選びなさい。

ア 二酸化炭素　　イ 糖　　　　ウ デンプン

エ 酸素　　　　オ 葉緑体

1 ((1)・(2)・(4)8点(完答)，(3)・(5)4点—32点)

(1)	記号	
	名称	
(2)	記号	
	名称	
(3)		
(4)		
(5)		

ワンポイント

(4)イチョウ・マツは裸子（らし）植物，ワラビ・ゼンマイはシダ植物。

2 [根のつくり] 根について，次の問いに答えなさい。

(1) 次の文章の①〜③にあてはまる語句を書きなさい。

タンポポのような双子葉類の根は，太い根である ① とそこから伸（の）びる細い根である ② からなる。一方，スズメノカタビラなどの単子葉類の根は，太い根がなく根もとから伸びる多数の細い根からなる。単子葉類のこのような根を ③ という。

(2) 根の先端（せんたん）近くにあり，植物が効率よく水や水に溶（と）けた養分を吸収するための細い毛のようなつくりを何というか，書きなさい。

〔北海道—改〕

2 (7点×4—28点)

(1)	①
	②
	③
(2)	

重要 3 [蒸 散] ホウセンカについて，次の問いに答えなさい。

同じ大きさの枝をコップに入れた図1の装置A～Cを，室内の明るい風通しのよい場所に3時間放置し，これらの装置の重さの変化をそれぞれ測定した。表は，その結果を示したものである。

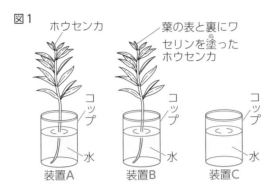

図1
ホウセンカ
葉の表と裏にワセリンを塗ったホウセンカ
コップ
水
装置A
コップ
水
装置B
コップ
水
装置C

 (1) 装置Cの水が減少したのはなぜですか。

 (2) 装置Bの水の減少量が，装置Cより大きいのはなぜですか。

装置	A	B	C
変化〔g〕	−5.95	−1.30	−0.30

(3) 葉の表面(表と裏)から出ていった水蒸気は，何gですか。

(4) 水蒸気が葉の表面から出ていく現象を何といいますか。

(5) 水蒸気が出ていく表面の穴を何といいますか。

図2
主根
側根

(6) 図2は，ホウセンカの根を観察して，スケッチしたものである。同じような根をもつ植物はどれですか。次のア～キからすべて選び，記号で答えなさい。

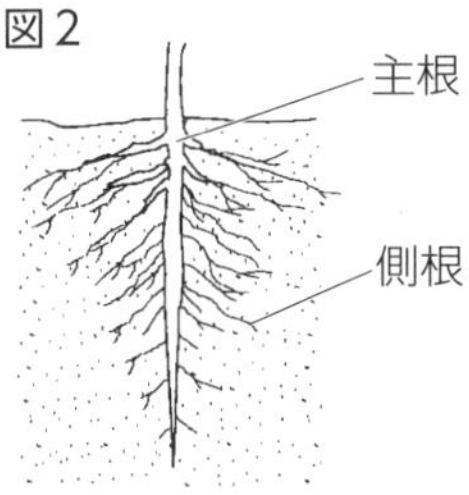

ア タマネギ　　イ トウモロコシ
ウ アブラナ　　エ ムラサキツユクサ
オ イネ　　　　カ スズメノカタビラ
キ タンポポ

4 [根・茎・葉のはたらき] 次の(1)～(4)のはたらきをしているものは，それぞれア～クのうちどれですか。
(1) 根の表皮細胞が変化したもので，水分・養分の吸収を行う。
(2) 葉にあって蒸散の調節をする。
(3) 光合成でできた栄養分が根に運ばれるときの通路になる。
(4) 植物が根から吸い上げた養分・水分の通路になる。

ア 根冠　　イ 成長点　　ウ 孔辺細胞　　エ 道管
オ 根毛　　カ 葉緑体　　キ 年輪　　　ク 師管

3 (4点×6−24点)

(1)	
(2)	
(3)	
(4)	
(5)	
(6)	

ワンポイント
(2) 気孔は，葉だけにあるのではなく，茎の部分にも数は少ないがある。

4 (4点×4−16点)

(1)	
(2)	
(3)	
(4)	

13 植物の光合成と呼吸

重要点をつかもう

1 光合成

光を受け，水と二酸化炭素からデンプンなどの**栄養分**をつくるはたらき。このとき，**酸素**も発生する。光合成は，葉緑体で行われる。光合成には，①**光**，②**水**，③**二酸化炭素**，④**葉緑体**が必要である。

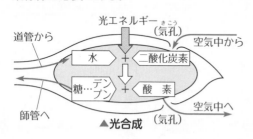

▲光合成

2 呼吸

酸素をとりこみ，光合成でつくった**栄養分**を水と二酸化炭素に分解し，**エネルギー**を得ている。

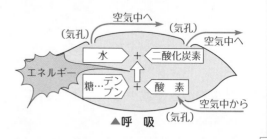

▲呼吸

Step 1 基本問題

解答▶別冊13ページ

1 図解チェック⚡ 次の図の空欄に，適当な語句を入れなさい。

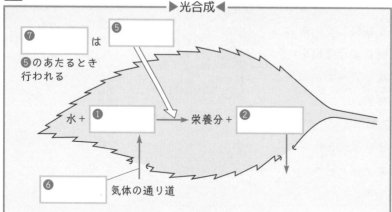

▶光合成◀

❼ は
❺のあたるとき
行われる

水 + ❶ → 栄養分 + ❷

❻ 気体の通り道

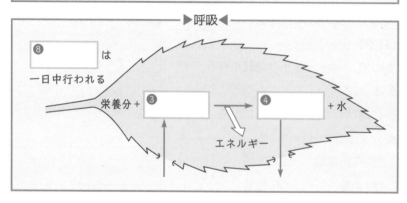

▶呼吸◀

❽ は
一日中行われる

栄養分 + ❸ → ❹ + 水

エネルギー

Guide

注意 ⚠ 光合成・呼吸と気体の出入り

● 昼間は，光合成と呼吸を行っている。昼間は光合成で出入りする気体の量が呼吸で出入りする気体の量よりも多いので，全体として，二酸化炭素をとり入れ，酸素を出しているように見える。

● 夜間は，呼吸だけ行っている。酸素をとり入れ，二酸化炭素を出している。

2 ［光合成のしくみ］次の文章は，光合成のしくみについて述べたものである。文章中の［　］の中に適当な語を入れて文章を完成させなさい。

　緑色の［①　　　］や茎の中では光合成が行われており，［②　　　　　　　］などがつくられる。このとき，葉などの［③　　　］から吸収された［④　　　　　　　］と，根の先のほうにある［⑤　　　］から吸収された［⑥　　　　］が材料として使われる。また，光合成が進むためには必ず［⑦　　　　］がエネルギーとして利用される。

3 ［光合成の行われる場所］下の図は，植物の葉の断面を示したものである。これについて，次の問いに答えなさい。

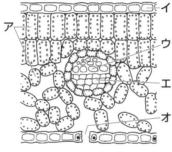

(1) 葉の表側は，図の上下のどちらですか。　　　　［　　　］

(2) 光合成が行われるのは，図の**ア～オ**のどこか。記号で答えなさい。　　　　［　　　］

(3) 光合成は，(2)で答えた部分にある緑色の粒の中で行われる。この粒を何といいますか。　　　　［　　　］

(4) この粒の中でデンプンがつくられていることを調べるとき，何という液を用いますか。　　　　［　　　］

(5) 光合成によってつくられた栄養分は，図の**ア～オ**のどこを通って茎や根に運ばれていくか。記号で答えなさい。
　　　　［　　　］

4 ［光合成］ふ入りのアサガオの葉を一晩暗室においてから，右の図のようにアルミニウムはくでおおい，数時間日光にあ

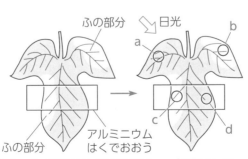

てた。次に，熱湯，エタノールの順に入れて脱色し，水洗いしたあとヨウ素液にひたした。ヨウ素反応で染まった部分は，a～dのうちのどれか。すべて答えなさい。　　　　［　　　］

注意 光合成の材料
①二酸化炭素→葉や若い茎の気孔から吸収。
②水→根から吸収。

くわしく ■光合成の産物
デンプンは一時的に葉緑体に蓄えられるが，糖に分解され，師管を通って茎，根，種子などに貯蔵される。
■光合成の場所
光合成を行う場所は葉緑体で，葉緑体は葉に多い。ただし，葉の表皮には含まれない。紅藻類や褐藻類にも葉緑体は含まれる。

注意 光合成の酸素放出量
光の強さに比例して酸素放出量は増えていく。しかし，ある光の強さ以上になるとそれ以上増えない。

くわしく 光合成と呼吸
光合成は，二酸化炭素を吸収し酸素を放出する。呼吸は，酸素を吸収し二酸化炭素を放出する。光合成と呼吸は逆向きの反応である。

Step **2** 標準問題

時間	30分
合格点	70点
得点	点

解答▶別冊13ページ

1 [植物のはたらき] オオカナダモを用いて，下の①～④の手順で実験を行った。

これに関して，次の(1)～(4)の問いに答えなさい。答えは，各問いの下のア～エのうちから適当なものを1つずつ選び，その記号を書きなさい。

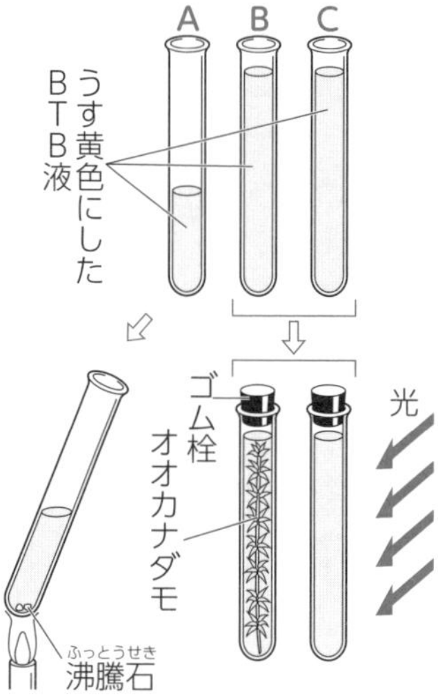

①うす青色のBTB液の中に息を吹きこみ，液の色をうす黄色にした。液を図のように試験管A，B，Cに入れた。

②試験管Aをふりながら加熱して，色の変化を調べた。

③試験管Bには，オオカナダモを入れてゴム栓をし，試験管Cはそのままゴム栓をした。

④試験管B，Cを明るい所に数時間置き，色の変化などを調べた。

(1) 手順②で，液の色がうす青色になった。これは，液に溶けこんでいたある気体が加熱により出ていったからである。この気体は何ですか。

　　ア 酸素　　イ 塩素　　ウ 二酸化炭素　　エ 窒素

(2) 手順④では，試験管Bの中に小さな気泡が多数見られた。この気泡は何ですか。

　　ア 空気　　イ 酸素　　ウ 窒素　　エ 二酸化炭素

(3) 手順④の結果，試験管B，Cの液の色はどのようになりましたか。

　　ア 試験管B：うす黄色　　　試験管C：うす黄色

　　イ 試験管B：うす黄色　　　試験管C：うす青色

　　ウ 試験管B：うす青色　　　試験管C：うす黄色

　　エ 試験管B：うす青色　　　試験管C：うす青色

(4) この実験は，何を調べるために行いましたか。

　　ア 呼吸で，酸素が使われたかどうかを調べる。

　　イ 呼吸で，二酸化炭素が使われたかどうかを調べる。

　　ウ 光合成で，酸素が使われたかどうかを調べる。

　　エ 光合成で，二酸化炭素が使われたかどうかを調べる。

1 (10点×4−40点)

(1)	
(2)	
(3)	
(4)	

> **ワンポイント**
>
> BTB液は，アルカリ性のとき青色，中性で緑色，酸性で黄色になる。
> 二酸化炭素が水に溶けると酸性を示す。
> 水を加熱すると，溶けていた二酸化炭素は水から出ていく。

重要❷ [植物と光合成] 次の実験について，あとの問いに答えなさい。

ふ入りの葉の一部をアルミニウムはくでおおって一晩置き，翌日，アルミニウムはくでおおったまま，十分に光をあてた。この葉をつみとり，やわらかくなるまで熱湯にひたした。その後，<u>あたためたエタノールの中に葉を入れて，水洗いしたあとうすめたヨウ素液にひたした。</u>図はつみとった葉のようすを示しており，ヨウ素液にひたすとA～DのうちAの部分だけが青紫色を示した。

(1) この実験で，葉に下線部の操作をしたのは何のためか。**ア～エ**から選び，記号で答えなさい。

ア 表面を消毒するため。　**イ** 緑色を脱色するため。

ウ 光合成をしやすくするため。

エ 細胞をはなれやすくするため。

記述式 (2) ふ入りの葉を一晩置いた理由を書きなさい。

(3) 下の文章中のX，Yにあてはまるものとして，正しいものは図中のB～Dのどれか。記号で答えなさい。

光合成に光が必要であることを調べるためには，葉のAと　X　の部分についてヨウ素液での反応を比較すればよい。また，光合成が葉の緑色の部分だけで行われることを調べるためには，葉のAと　Y　の部分についてヨウ素液での反応を比較すればよい。

〔鹿児島－改〕

❷（10点×4－40点）

(1)	
(2)	
(3)	X
	Y

緑色の部分
ふの部分
A
B
アルミニウムはくでおおった部分
C
D

---

❸ [光合成] 下の図は，植物の光合成と物質の移動について模式的に表したものである。図中の葉緑体でつくられるA，B2種類の物質のうち，Aは大気中に放出され，Bは糖に変えられたあとaを通って根などに蓄えられる。次の問いに答えなさい。

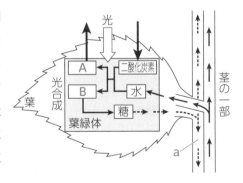

光
二酸化炭素
A
B
水
糖
光合成
葉
葉緑体
茎の一部
a

(1) 図中のA，Bはそれぞれ何か。正しい組み合わせを選びなさい。

ア Aは酸素，Bはアミノ酸

イ Aは酸素，Bはデンプン

ウ Aは水素，Bはタンパク質

エ Aは水素，Bは脂肪

(2) 図中のaを何というか。その名称を書きなさい。

❸（10点×2－20点）

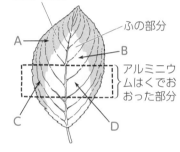

(1)	
(2)	

ワンポイント

光合成とは，植物の葉緑体で，光を受けて，根から吸収した水と気孔からとり入れた二酸化炭素を原料に，デンプンと酸素ができるはたらきである。

Step ③ 実力問題①

【　　月　　日】

時間 30分　合格点 70点　得点　　点

解答▶別冊13ページ

1 右の図のA，Bは，ある生物の細胞のスケッチである。次の問いに答えなさい。(50点)

(1) 最初にコルクの切片を観察して，スケッチをしたのはだれか。名前を答えなさい。(5点)

(2) 植物細胞はA，Bのどちらか。記号で答えなさい。(5点)

(3) a〜dの各部分の名称を答えなさい。(各5点)

(4) b，cのはたらきを次のア〜エからそれぞれ選び，記号で答えなさい。(各5点)

　ア 遺伝物質を含み，生命現象をコントロールしている。

　イ 主成分が水で，有機酸，色素などが溶けこんでいる。

　ウ 細胞の外側を包む膜である。

　エ 植物細胞の外側を包む厚い膜で，細胞の保護と植物体を支えるはたらきがある。

(5) cを観察する際に使う染色液の名称を答えなさい。(5点)

(6) (5)の染色液はcを何色に染めるか，答えなさい。(5点)

(1)		(2)	(3)	a	b	c	d
(4)	b	c	(5)		(6)		

2 次の文章は，双子葉類のからだの中を水が移動して，蒸散するようすを説明したものである。文章中の①には図1のaとbから，②には図2のc〜fから，あてはまるものをそれぞれ選び，その組み合わせとして適当なものを，あとのア〜クから選んで，記号を書きなさい。

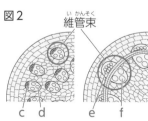

なお，図1は双子葉類または単子葉類の根を，図2は双子葉類または単子葉類の茎の断面の一部をそれぞれ模式的に示したものである。(5点)

　図1の ① で示された根から吸収された水は，図2の ② で示された道管を通ってからだ全体に移動する。葉に移動した水の大部分は，水蒸気となって空気中に出ていく。

ア ①a ②c　　イ ①a ②d　　ウ ①a ②e

エ ①a ②f　　オ ①b ②c　　カ ①b ②d

キ ①b ②e　　ク ①b ②f

〔愛知－改〕

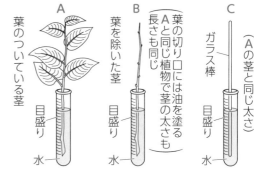

3 目盛りをつけた同じ大きさの試験管を用いて図のような装置A〜Cを準備し，植物の蒸散について調べた。4時間後の試験管の水が，装置Aでは a〔cm³〕，装置Bでは b〔cm³〕，装置Cでは c〔cm³〕，それぞれ減少した。その減少量は，$a>b>c$ であった。これについて，次の問いに答えなさい。(20点)

(1) 水は，茎の中の何という管を通って上がっていくか。管の名称を書きなさい。(4点)

(2) 次の①〜④に示す水の減少量はいくらになるか。装置Aについて，a, b, c の記号を使って，式または記号で書きなさい。ただし，植物体から出た水の量と吸い上げた水の量は等しいとする。(各4点)

①試験管の水面からの水の減少量　　②葉だけからの水の減少量

③茎だけからの水の減少量　　　　　④葉と茎の両方からの水の減少量

(1)		(2)	①	②	③	④

〔福岡－改〕

4 次の文章を読んで，あとの問いに答えなさい。

右の図のようなふ入りのアサガオの葉を使って ① の実験をした。実験の方法は，夕方，葉の一部をアルミニウムはくでおおい，次の日，十分に光があたってから葉をとり，熱い湯にひたしてからあたためたエタノールに入れたのちに水で洗い，その葉を ② にひたして，その反応を調べるというものである。(25点)

(1) ①，②に入れる適当な語を次のア〜キから選び，記号で答えなさい。(各5点)

ア 呼吸　　イ 蒸散作用　　ウ 光合成　　エ ベネジクト液

オ BTB液　　カ ヨウ素液　　キ インジゴカーミン液

(2) ②は何を検出するために用いたか。次のア〜オから選び，記号で答えなさい。(5点)

ア 酸素　　イ 二酸化炭素　　ウ 糖　　エ デンプン　　オ 脂肪

(3) ②に反応したのは図のa〜dのどの部分ですか。(5点)

(4) この実験からわかることを次のア〜オから2つ選び，記号で答えなさい。(5点)

ア 呼吸には酸素が必要である。　　イ 光合成には光が必要である。

ウ 蒸散作用は気温の変化による。　　エ 光合成には葉緑体が必要である。

オ 呼吸により二酸化炭素が出てくる。

(1)	①	②	(2)	(3)	(4)

〔呉 高〕

14 食物の消化と吸収

重要点をつかもう

1 消化

消化管の壁を通り抜けられる大きさにまで，栄養分を分解すること。

- 消化は消化器官から分泌される消化液に含まれている**消化酵素**のはたらきによって行われる。
- 消化酵素にはデンプンを分解する**アミラーゼ**などがある。

2 吸収

おもに**小腸**で行われる。小腸の内側にはたくさんのひだがあり，ひだの表面には**柔毛**とよばれる無数の突起がある。ここから栄養分は吸収される。

静脈　動脈　リンパ管

▲小腸の柔毛の断面

Step 1 基本問題

解答▶別冊14ページ

1 図解チェック⚡ 次の図の空欄に，適当な語句を入れなさい。

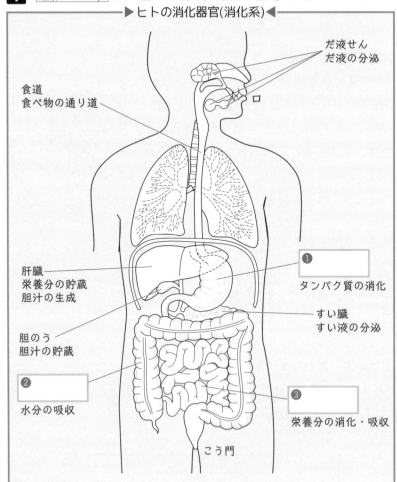

▶ヒトの消化器官（消化系）◀

だ液せん
だ液の分泌

食道
食べ物の通り道

口

肝臓
栄養分の貯蔵
胆汁の生成

胆のう
胆汁の貯蔵

❶
タンパク質の消化

すい臓
すい液の分泌

❷
水分の吸収

❸
栄養分の消化・吸収

こう門

Guide

注意 **栄養分**
⚠ それぞれの栄養分は体内に吸収される大きさにまで分解される。
デンプン　→ブドウ糖
タンパク質→アミノ酸
脂肪→脂肪酸とモノグリセリド

ことば **胆汁**
😊 肝臓でつくられ，胆のうから分泌される。
脂肪が吸収されやすいように小さな粒にするが，消化酵素を含んでいない。

ことば **胃液**
😊 胃からは塩酸を含む胃液が分泌され，強い酸性を示す。
消化酵素のペプシンはこの中でよくはたらく。

重要 **2** ［消化・吸収］いくつかの消化液に含まれる消化酵素のはたらきにより，食物中のデンプンはブドウ糖に，タンパク質はアミノ酸に，脂肪は脂肪酸とモノグリセリドに分解される。次の文章は，分解されてできたブドウ糖，アミノ酸，脂肪酸，モノグリセリドが，小腸の柔毛から吸収されたあとに全身の細胞へ運ばれるようすについて説明したものである。文章中のＡ，Ｂにあてはまる語句の組み合わせとして適当なものを，下のア～エから選び，記号で答えなさい。

小腸の柔毛から吸収された ▢Ａ▢ は，毛細血管に入り，全身の細胞へ運ばれる。また，柔毛から吸収された ▢Ｂ▢ は，分解される前の物質となってリンパ管に入り，全身の細胞へ運ばれる。これらの物質は，生きていくために必要なエネルギーを得たり，からだをつくったりするために使われる。

ア Ａ ブドウ糖

Ｂ アミノ酸と脂肪酸とモノグリセリド

イ Ａ アミノ酸

Ｂ ブドウ糖と脂肪酸とモノグリセリド

ウ Ａ 脂肪酸とモノグリセリド

Ｂ ブドウ糖とアミノ酸

エ Ａ ブドウ糖とアミノ酸

Ｂ 脂肪酸とモノグリセリド 　　　　　［　　　　　］〔愛知－改〕

3 ［消化・吸収］消化・吸収に関して，次の問いに答えなさい。

(1) 次の文中の▢▢▢の中に，適する用語を書きなさい。

デンプンは，口の中のだ液に含まれるアミラーゼという消化▢▢▢により分解され，麦芽糖に変わる。 ［　　　　　］

(2) 小腸の内側には多くのひだがあり，そのひだの表面に多数の突起がある。消化されてできたブドウ糖やアミノ酸は，この突起から吸収される。

①この突起の名称を答えなさい。 ［　　　　　］

②ブドウ糖やアミノ酸は，この突起内の毛細血管に吸収され，何という器官まで運ばれますか。 ［　　　　　］

③脂肪は脂肪酸とモノグリセリドにまで分解されたあと，再び細かい脂肪の粒になって，この突起の何という管から吸収されますか。 ［　　　　　］〔新潟－改〕

ことば **消化酵素**
消化酵素はそれぞれ分解する物質が決まっている。また，体温付近の温度でよくはたらく。
デンプンはだ液に含まれるアミラーゼにより分解されて麦芽糖（マルトース）に変わり，最終的にブドウ糖になる。
タンパク質はアミノ酸に，脂肪は脂肪酸とモノグリセリドにまで分解される。

注意 **小腸の柔毛**
小腸の柔毛には，小腸の表面積を増やすことで栄養分を吸収しやすくする役割がある。

ことば **(肝)門脈**
小腸で吸収された栄養分は毛細血管から門脈を通って肝臓へ運ばれる。栄養分はその後肝臓から必要に応じて全身へと運ばれていく。

注意 ■**デンプンの検出**
ヨウ素液を加えて，青紫～赤紫色になればデンプンが含まれている。これをヨウ素反応という。
■**麦芽糖の検出**
ベネジクト液を入れて，煮沸し赤褐色の沈殿ができれば麦芽糖が含まれている。これをベネジクト反応という。

Step 2 標準問題

時間 30分　合格点 70点　得点 点

解答▶別冊14ページ

重要 **1** [酵素] 次の実験について，あとの問いに答えなさい。

実験 下の図のように，セロハン袋の中に①はデンプンのりだけ
を，②と③はデンプンのりとだ液を入れた。

①と②は 40℃に保った湯に，③は氷水につけた。

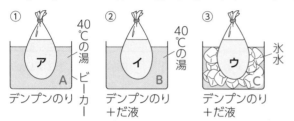

① 40℃の湯 ビーカー A デンプンのり
② 40℃の湯 B デンプンのり＋だ液
③ 氷水 C デンプンのり＋だ液

(1) ①のような，比較のための実験を特に何というか。漢字4文字
で答えなさい。

(2) 10分後にセロハン袋の中の液体**ア**，**イ**，**ウ**にヨウ素液を加え
たとき，ヨウ素反応を起こすのはどれか。あてはまるものをす
べて選び，記号で答えなさい。

(3) ビーカー内に麦芽糖が含まれていることを調べるとき，ある試
薬を加えて加熱する。何という試薬を用いますか。

(4) (3)の操作をしたとき，赤褐色に変化する容器はどれか。A～C
からあてはまるものをすべて選び，記号で答えなさい。

〔東海大第一高－改〕

1 (6点×4－24点)

(1)

(2)

(3)

(4)

ワンポイント

(3)，(4) セロハンには非常
に小さな穴があり，デ
ンプンは通過しないが，
分解によってできた麦
芽糖は通過する。

2 [消化器官] ヒトの消化や吸収に関して，次の問いに答えなさい。

(1) 胃液に含まれる消化酵素のペプシンが分解する物質として，正
しいものを，次の**ア**～**エ**から1つ選び，記号で答えなさい。

ア タンパク質　　**イ** デンプン
ウ 脂肪　　　　　**エ** ブドウ糖

(2) 次の文は，胆汁のはたらきについて述べたものである。文中の
X，Yにあてはまる語句の組み合わせとして，適当なものを，
下の**ア**～**エ**から1つ選び，記号で答えなさい。

胆汁は消化酵素を　X　，　Y　の分解を助ける。

ア X 含み　　Y 脂肪
イ X 含まず　Y 脂肪
ウ X 含み　　Y デンプン
エ X 含まず　Y デンプン

2 ((1)・(2)・(3)①5点×3，(3)②7点－22点)

(1)

(2)

①

②

(3)

(3) 小腸の内側の表面には柔毛とよばれる多数の突起がある。これ
について，次の問いに答えなさい。

①小腸の柔毛で吸収されたアミノ酸が，最初に運ばれる器官と
して，適切なものを次のア〜オから1つ選び，記号で答えな
さい。

ア 胃　　イ 腎臓　　ウ 肝臓
エ すい臓　　オ 大腸

記述式
②脂肪が分解されてできた脂肪酸とモノグリセリドは，小腸の
柔毛で吸収された後，どのように変化し，どのように全身の
細胞に運ばれていくか。「リンパ管」，「血管」という語句を
用いて書きなさい。　　　　　　　　　　　　　　〔新潟−改〕

3 ［消化器官］次の(1)〜(7)の文は，ヒ
トの消化にかかわる器官のはたらきに
ついて説明したものである。該当する
器官を右の模式図中のA〜Iから，そ
の名称を下のア〜サからそれぞれ選び，
記号で答えなさい。ただし，(1)に該当
する器官は3つある。

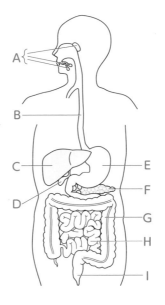

(1) デンプンをブドウ糖まで分解すると
きに，分解を助ける分泌液を出す。

(2) 消化されたいろいろな有機物を吸収
する。

(3) 非常に酸性度が強い分泌液を出す。

(4) 最も中性に近い分泌液を出す。

(5) 弱いアルカリ性の分泌液を出して，脂肪の分解を助けている。

(6) 消化はほとんど行わず，水分や水分に溶けている無機塩類を吸
収する。

(7) 消化酵素は含んでいないが脂肪を小さな粒にする分泌液をつく
る。

ア 直腸　　　イ 肝臓
ウ すい臓　　エ 胃
オ 小腸　　　カ 食道
キ 胆のう　　ク だ液せん
ケ もう腸　　コ 大腸
サ 腎臓

〔大阪桐蔭高−改〕

3 (6点×9−54点)

	器官	名称
(1)		
(2)		
(3)		
(4)		
(5)		
(6)		
(7)		

ワンポイント

だ液，胃液，すい液などの
分泌液によって，デンプン，
タンパク質，脂肪は分解さ
れる。

15 呼吸と血液循環

重要点をつかもう

1 血液循環
血液の循環には2つの経路がある。
- **肺循環**：心臓（右心室）→肺動脈→肺→肺静脈→心臓（左心房）
- **体循環**：心臓（左心室）→大動脈→全身→大静脈→心臓（右心房）

2 肺の構造
肺胞とよばれる小さな袋がたくさん集まっている。肺胞は毛細血管にとり囲まれ，ここで口や鼻からとり入れた空気中の酸素と血液中の二酸化炭素が交換される。

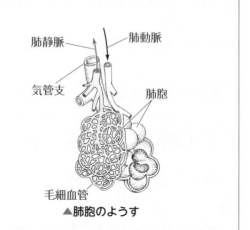

▲肺胞のようす

Step 1 基本問題

解答▶別冊14ページ

1 図解チェック⚡ 次の図の空欄に，適当な語句を入れなさい。

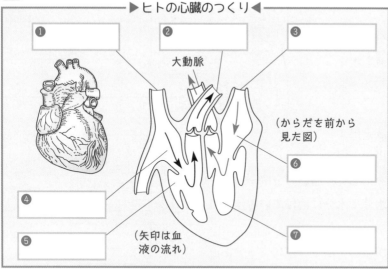

▶ヒトの心臓のつくり◀

① ② ③

大動脈

（からだを前から見た図）

⑥

④

⑤

（矢印は血液の流れ）

⑦

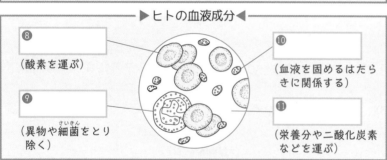

▶ヒトの血液成分◀

⑧
（酸素を運ぶ）

⑩
（血液を固めるはたらきに関係する）

⑨
（異物や細菌をとり除く）

⑪
（栄養分や二酸化炭素などを運ぶ）

Guide

注意 ヒトの呼吸運動
ヒトの肺には筋肉がないため，それ自身では収縮したり，拡張したりできない。肺に空気が入るのは筋肉でできた横隔膜が収縮して下がり，ろっ間筋が収縮してろっ骨を持ち上げて，肺が入っている胸腔が広がるからである。

ことば 動脈血と静脈血
酸素を多く含む血液を動脈血，酸素が少なく，二酸化炭素を多く含む血液を静脈血という。
肺動脈には静脈血が，肺静脈には動脈血が流れている。

2 [酸素の受けわたし] 右の図は，ヒトのからだのどこかで見られるつくりの模式図であり，毛細血管にとり囲まれた小さいうすい袋（ふくろ）が多数集まっている。これについて，次の問いに答えなさい。

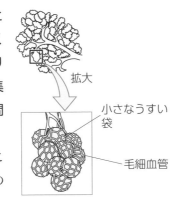

拡大

小さなうすい袋

毛細血管

(1) 図のつくりが見られる器官はどこか。また，図の小さなうすい袋の名称（めいしょう）を書きなさい。

器官 [   ] 名称 [   ]

(2) 次の文章は，酸素が毛細血管内から毛細血管外の細胞（さいぼう）にわたされる過程について述べたものである。①，②にあてはまる語をそれぞれ書きなさい。

　血液中の赤血球によって全身に運ばれてきた酸素は，毛細血管内で ① に溶（と）けこむ。 ① の一部は毛細血管からしみ出て ② となり，これによって酸素が毛細血管外の細胞にわたされる。 ① [   ] ② [   ]

〔栃木-改〕

3 [血液の循環（じゅんかん）・排出（はいしゅつ）] 右の図は，ヒトの血液の循環を模式的に表したものである。これについて，次の問いに答えなさい。

(1) 体内では，細胞の活動にともなって，有害なアンモニアなどができる。アンモニアを害の少ない尿素（にょうそ）に変える器官として適当なものを，図のア～エから1つ選び，記号で答えなさい。 [   ]

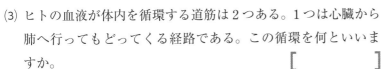

ア肺
A
心臓
B イ肝臓
C ウ小腸
D エ腎臓
全身の細胞
(→は，血液の流れを表す。)

(2) 図のA～Dの血管のうち，尿素の量が最も少ない血液が流れている血管として適当なものを1つ選び，記号で答えなさい。 [   ]

(3) ヒトの血液が体内を循環する道筋は2つある。1つは心臓から肺へ行ってもどってくる経路である。この循環を何といいますか。 [   ]

(4) (3)のもう1つは，心臓からからだの各部分へ行ってもどってくる経路である。この循環を何といいますか。 [   ]

〔愛媛-改〕

ことば **ヘモグロビン**
　赤血球には鉄を含むタンパク質であるヘモグロビンが含まれる。ヘモグロビンは酸素の多い所（肺胞（はいほう））では酸素と結びつき，酸素の少ない所（全身）では酸素をはなす性質をもっている。

注意 **外呼吸と内呼吸**
　外界と器官とのガス交換（こうかん）を外呼吸といい，体内の細胞と血液とのガス交換を内呼吸という。

注意 **不要物の排出**
　細胞が活動すると，二酸化炭素やアンモニアなどの不要物ができる。これらの不要物はからだにたまると有害なので，血液によって，二酸化炭素は肺へ，アンモニアは肝臓（かんぞう）へ運ばれる。

くわしく **組織液の流れ**
　組織液は心臓の血圧（えいきょう）の影響（えいきょう）をほとんど受けないので，血液のように規則的な流れを示さない。組織液は，からだの傾（かたむ）きや運動によって受動的に流れている。

【　　月　　日】

Step 2 標準問題

時間	合格点	得点
30分	70点	点

解答▶別冊14ページ

1 ［血液循環（じゅんかん）］雅人（まさと）さんは，図のようにヒトの血液の流れを模式図で表した。これについて，あとの問いに答えなさい。

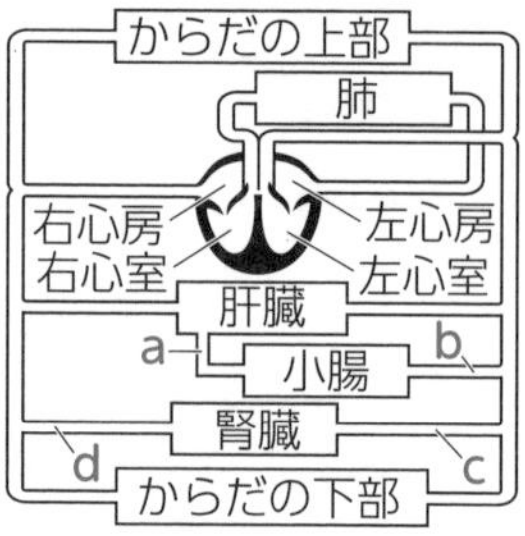

(1) 次の文章は，雅人さんがヒトの血液についてまとめたものの一部である。A，Bに適切な語句を入れなさい。

> まとめ(一部)
> 血液の固形成分の1つである［ A ］には，ヘモグロビンという物質が含（ふく）まれており，酸素を運ぶはたらきがある。血液の液体成分である血しょうには，消化管で吸収された栄養分などが溶（と）けている。血しょうの一部は毛細血管からしみ出して，細胞（さいぼう）のまわりを満たしている。この液を［ B ］という。

記述式 (2) 肺静脈を流れているのはどのような血液か。「二酸化炭素」「酸素」という言葉を使って，簡潔に書きなさい。

(3) ブドウ糖やアミノ酸などの栄養分を含（ふく）む割合が高い血液が流れているのはどの部分か。適当なものを，図のa～dから1つ選び，記号で答えなさい。

(4) 肝臓（かんぞう）のはたらきとして適切なものを，次の**ア**～**エ**から1つ選び，記号で答えなさい。

ア 多くのひだがあり，その表面にある小さな突起（とっき）から栄養分を吸収するはたらき。
イ 尿素（にょうそ）などの不要な物質を，余分な水とともに血液中からこし出すはたらき。
ウ デンプンを，消化酵素（こうそ）によってブドウ糖に分解するはたらき。
エ アンモニアを，害の少ない尿素に変えるはたらき。

〔宮崎－改〕

1 (10点×5－50点)

(1) A	
(1) B	
(2)	
(3)	
(4)	

ワンポイント
(2) 肺を経由する血液循環は肺循環とよばれ，心臓から血液が出ていく肺動脈と心臓に血液が戻（もど）っていく肺静脈に分けられる。

2 ［血液の成分とはたらき］心臓や血液に関して，次の問いに答えなさい。

(1) 次ページの図は，からだの正面から見たヒトの心臓のつくりを模式的に表したものである。図中のaの部分の名称（めいしょう）として適当なものを，次のⅠ群**ア**～**エ**の中から選び，記号で答えなさい。また，心臓での血液の流れる向きを表したものとして適当なも

2 (10点×3－30点)

(1) Ⅰ群	
(1) Ⅱ群	
(2)	

のを，下の**Ⅱ群カ～ケ**から1つ選び，記号で答えなさい。

Ⅰ群　**ア** 右心房　　**イ** 右心室
　　　ウ 左心房　　**エ** 左心室

Ⅱ群

カ　　　　　　**キ**　　　　　　**ク**　　　　　　**ケ**

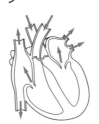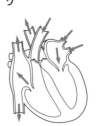

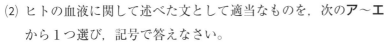

(2) ヒトの血液に関して述べた文として適当なものを，次の**ア～エ**から1つ選び，記号で答えなさい。

　ア 血液の固形成分は，赤血球，白血球，血しょうである。

　イ 血液の成分である白血球は，ヘモグロビンによって酸素を運搬する。

　ウ 血液の成分である赤血球は，からだに侵入した細菌などをとらえたり分解したりする。

　エ 血液の液体成分の一部が毛細血管からしみ出し，細胞のまわりを満たしたものを，組織液という。

〔京都－改〕

重要 **3** [呼 吸] 右の図は，ヒトの呼吸運動のしくみを調べるための模型である。これについて，次の問いに答えなさい。

(1) 図の①ゴム風船と②ゴム膜はそれぞれヒトのからだの何にあたりますか。

ガラス管
ゴム風船
底を切ったびん
ゴム膜

(2) 下の文章の③，④にあてはまる語句を下の**ア～エ**から選び，記号で答えなさい。

　この装置で，ゴム膜を　③　と，ゴム風船の中に空気が入ってくる。これは，ゴム膜を　③　ことで，びんの内部の圧力が　④　からである。

　ア 引き下げる　　**イ** おし上げる

　ウ 下がる　　　　**エ** 上がる

3 (5点×4－20点)

(1)	①	
	②	
(2)	③	
	④	

ワンポイント

(1)ゴム膜は，ひもで上下させることができることから，何にあたるか考える。

16 刺激と反応

🎯 重要点をつかもう

1 感覚器官

外界からの**刺激**を受けとる部分。例えば，ヒトの目は光を受けとる感覚器官である。

レンズ（水晶体）
虹彩（こうさい）
網膜（もうまく）
角膜
ガラス体　　毛様体筋　視神経

2 神経系

- **感覚神経**：感覚器官からの刺激を脳や脊髄に伝える。
- **運動神経**：脳や脊髄からの命令を筋肉に伝える。

3 筋肉

脳や脊髄からの命令を受けて筋肉が収縮する（反応）。

Step 1 基本問題

解答▶別冊15ページ

1 図解チェック⚡ 次の図の空欄に，適当な語句を入れなさい。

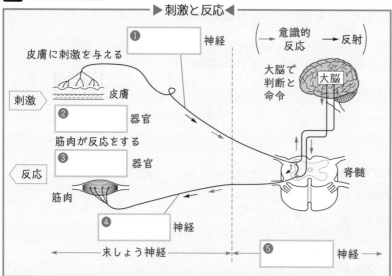

▶刺激と反応◀

❶□　神経
皮膚に刺激を与える
皮膚
刺激
❷□　器官
筋肉が反応をする
❸□　器官
筋肉
反応
❹□　神経
末しょう神経
❺□　神経

意識的反応　→　反射
大脳で判断と命令
大脳
脊髄

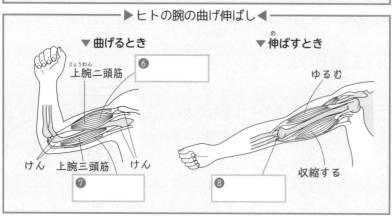

▶ヒトの腕の曲げ伸ばし◀

▼曲げるとき
❻□
上腕二頭筋（じょうわん）
けん　上腕三頭筋　けん
❼□

▼伸ばすとき
ゆるむ
収縮する
❽□

Guide

💬 反射

反射は，感覚器官で刺激を受けとると，脳ではなく脊髄などから運動神経に命令が出されるので，反応までの時間が短い。

🎓 感覚器官

外界のようすを知るはたらきをしている部分を感覚器官という。感覚器官には，目（光），耳（音・重力），鼻（におい），舌（味），皮膚（温度，圧力）などがある。

💬 中枢神経

神経が特に集中して1つのまとまりのあるはたらきをもつ場合をさす。ヒトでは脊髄と脳がこれにあたる。

2 ［運　動］次のそれぞれの問いに，記号ア，イで答えなさい。

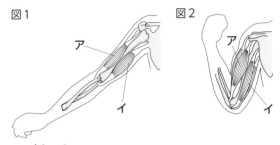

図1　　　　　　　図2

(1) 上の図1は腕を伸ばしている状態である。

① このとき収縮している筋肉はどちらですか。　［　　　］

② このときゆるんでいる筋肉はどちらですか。　［　　　］

(2) 上の図2は腕を曲げている状態である。

① このとき収縮している筋肉はどちらですか。　［　　　］

② このときゆるんでいる筋肉はどちらですか。　［　　　］

3 ［反　射］次の①，②の文は，刺激
に対する反応について述べたもので，
右の図は，ヒトの神経系を模式的に表
したものである。これについて，あと
の問いに答えなさい。

① 熱いなべにうっかり手が触れたとき，
　思わず手を引っこめた。

② 手が冷えたので，ポケットに手を入
　れた。

(1) 図のX，Yで示した部分は神経を表している。それぞれの名
称を書きなさい。

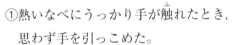

X［　　　　　　］　Y［　　　　　　］

(2) ①の反応について，刺激に対して無意識に起こる反応を何と
いうか。その用語を書きなさい。　　　　　　　［　　　　　　］

(3) ①，②の反応について，それぞれ，刺激が伝わり反応が起こ
るまでの道筋は，図のA～Dの器官において，次の**ア**～**オ**の
うちのどれか。適当なものをそれぞれ1つずつ選び，記号で
答えなさい。

①［　　　］　②［　　　］

ア A→D→B　　　　　**イ** B→D→A

ウ A→D→C→D→B　　**エ** B→D→C→D→A

オ B→D→C→D→B

〔新　潟〕

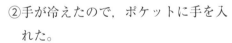
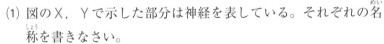

くわしく　骨格筋
　ヒトの場合，腕や足
などの運動に関係する筋肉は，
関節を曲げるための屈筋と，
関節を伸ばすための伸筋の組
み合わせでできている。

ことば　■関節
　脊椎動物の骨と骨の
結合部を関節という。これを
はさんで，2つの骨に筋肉が
つながっている。
骨格との接続部分の筋肉は，
けんとよばれる。
■神経系
大脳，小脳，延髄，脊髄など
の中枢神経と，感覚神経，運
動神経の末しょう神経がある。

ことば　感覚神経と刺激
　感覚器官には必ず感
覚神経とよばれる神経があり，
受けとったさまざまな刺激は
この神経を通って，からだを
統合する中枢(脳)に伝えられ
る。

くわしく　虹彩とひとみ
　虹彩の中央にはひと
みという穴がある。光の量が
多いときはひとみを小さくし
て眼球に入る光の量を減らし，
逆に光の量が少ないときはひ
とみを大きくして，できるだ
け多くの光を入れようとする。

解答▶別冊15ページ

1 [眼の構造] 右の図は，ヒトの右目
の横断面を上から見た模式図である。
これについて，次の問いに答えなさい。

(1) 光の刺激を受けとる細胞のある，
Aの部分の名称を書きなさい。

記述式 (2) Bのひとみの大きさが小さくなる
のはどのようなときか，「光」という語を用いて書きなさい。

〔山形－改〕

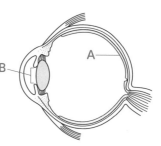

1 ((1)10点，(2)15点－25点)

(1)	
(2)	

2 [耳の構造] 次の文章は，耳が音を振動として受けとるしくみに
ついて説明したものである。①，②にあてはまる語句をそれぞれ
書きなさい。また，下の図は，ヒトの耳のつくりを模式的に表し
たものである。②は，図のどの部分であるか，適当なものを，A
～Dから選び，記号で答えなさい。

　イヤホンから出た音は空気の振動となって伝わり，　①　を振
動させる。次に，この振動が耳小骨を通して耳の奥にある　②
に伝わって，ここで神経に信号が伝えられる。

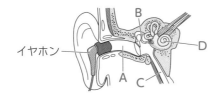

イヤホン

〔北海道－改〕

2 (①15点，②20点(完答)－35点)

①	
②	部分

┌─ ワンポイント ─┐

鼓膜は，外界の空気の振動
(音)を鼓膜の振動に変換し
て刺激として伝えている。

3 [刺激と反応] 純さんと舞さんは，刺激に対するヒトの反応時間
に興味をもち，次の実験を行った。これについて，あとの問いに
答えなさい。

実験　図1のように，純さんが長さ30cmのものさしをもち，舞
　さんは，ものさしにふれないように，0の目盛りの位置に人さ
　し指をそえ，ものさしを見る。図2のように，純さんは予告せ
　ずにものさしをはなし，舞さんは，ものさしが落ち始めるのを
　見たらすぐにものさしをつかみ，人さし指の位置の目盛りを読
　んで，ものさしが落ちた距離を調べる。同様の操作をさらに4
　回くり返し，合計5回行う。

3 ((1)各15点，(2)10点－40点)

(1)	a
	b
(2)	

┌─ ワンポイント ─┐

(1)ものさしが落ちるのを
見てからつかむ行為は，
意識的反応である。

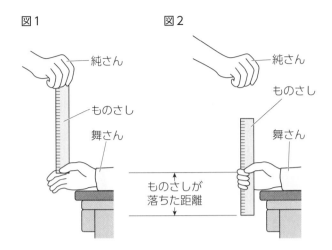

図1　図2

結果

	1回目	2回目	3回目	4回目	5回目
ものさしが落ちた 距離〔cm〕	15.7	10.3	11.1	13.9	11.5

重要
(1) 図3は，舞さんが，ものさしが落ち始めるのを見てからつかむという反応において，信号（刺激と命令）が伝わる経路を模式的に表したものである。図3中のa，bに入る適当な語句を，それぞれ漢字2字で書きなさい。

図3

(2) 図4は，ものさしが落ちた距離とものさしが落ちるのに要する時間の関係を表したグラフである。結果におけるものさしが落ちた距離の平均値と図4から考えて，

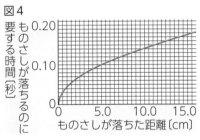

図4

舞さんが，ものさしが落ち始めるのを見てからつかむまでにかかる時間として適当なものを，次のア～エから1つ選び，記号で答えなさい。

ア　0.15秒

イ　0.16秒

ウ　0.17秒

エ　0.18秒

〔京都－改〕

Step 3 実力問題②

1 次のように，バナナの観察を行った。これについて，次の問いに答えなさい。(16点)

観察　バナナが熟するときの細胞のようすを調べるた
めに，バナナの切り口をスライドガラスにこすりつ
け，デンプンを確認する薬品Xを1滴落として，プ
レパラートをつくり，顕微鏡で観察した。図A，Bは，
それぞれ，バナナが熟す前と熟したあとのいずれか
の細胞のようすを表したものであり，どちらも細胞
内のデンプンは青紫色に染まった。

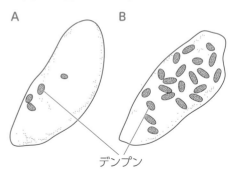

A　　　　　B

デンプン

　次の文章の①，②の[　　]の中から，それぞれ適当なものを1つずつ選び，**ア〜エ**の記号
で答えなさい。(各8点)

　薬品Xは，①[**ア** ベネジクト液　　**イ** ヨウ素液]である。バナナには，ヒトの消化酵素で
あるアミラーゼと同じはたらきをする物質が含まれており，バナナが熟す過程で，この物質
がはたらく。このことから，図Aと図Bのうち，熟したあとのバナナの細胞のようすを表し
たものは，②[**ウ** 図A　　**エ** 図B]であると考えられる。

①	②

〔愛媛−改〕

2 ヒトの刺激に対する反応について，次の問いに答えなさい。(40点)

(1) 右の図は，ヒトの神経系を模式的に示している。

　Aは耳や指，Bは手の筋肉，Cは大脳，D〜Hは神経を表
している。目覚まし時計の音を耳で聞いて手で止める反応に
ついて，次の①，②の問いに答えなさい。

①耳のように刺激を受けとる器官を何といいますか。(5点)

②目覚まし時計の音を耳で聞いて手で止める反応で，刺激の
信号が伝わる経路は下のように示すことができる。Xに図のC〜Hから適切なものを選び，
順に並べて経路を完成させなさい。(10点)

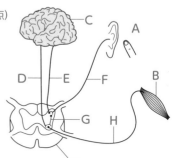

C　A　D　E　F　B　G　H　脊髄

A →　　　　X　　　　→ B

(2) 熱いものに手が触れたとき，熱いと感じる前に手を引っこめる反応について，次の①〜③の
問いに答えなさい。

①この反応は，無意識に起こる。このような反応を何といいますか。(5点)

記述式
②この反応は，目覚まし時計の音を耳で聞いて手で止める反応よりも，刺激を受けとってか
ら手が動くまでの時間が短くなる。この理由を，「大脳」と「脊髄」という2つの語句を

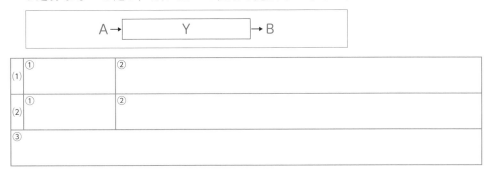

用いて説明しなさい。（10点）

③この反応で，刺激の信号が伝わる経路は下のように示すことができる。Yに図のC〜Hから適切なものを選び，順に並べて経路を完成させなさい。（10点）

A→	Y	→B

(1)	①	②	
(2)	①	②	
	③		

3 右の図は，肺，心臓，からだの各部の細胞と，それらにつながる血管を模式的に表したものである。これについて，次の問いに答えなさい。

（44点）

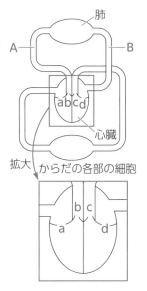

重要
(1) 肺で二酸化炭素を放出し，酸素を受けとった血液は，二酸化炭素が少なく，酸素を多く含んでいる。この血液について，次の①，②に答えなさい。

①この血液を何というか，その名称を書きなさい。（6点）

②この血液が心臓に流れこむ血管は，図中のA，Bのどちらか，その記号を書きなさい。また，その血管の名称も書きなさい。（各7点）

難問
(2) 心臓には弁があり，静脈にある弁と同じように血液の逆流を防いでいる。心室が収縮することで，血液が逆流することなく流れているとき，心臓にある弁a〜dのようすとして適切なものを，次の**ア〜エ**からそれぞれ1つずつ選び，その記号を書きなさい。ただし，同じ記号を2回以上使ってもよい。（各6点）

ア　　　　　イ　　　　　ウ　　　　　エ

(1)	①			② 記号	名称	
(2)	a	b	c		d	

〔和歌山−改〕

- -

ヒント

1 消化酵素であるアミラーゼは，デンプンを最終的にブドウ糖にまで分解する。

2 (2) 無意識に起こる反応では，大脳ではなく脊髄が命令を出す。

3 (2) 心室が収縮すると，心室から動脈へと血液が送り出される。

17 気象の観測

🎯 重要点をつかもう

1 天気図記号

　〇の中は**天気**を表し，矢羽根の向きで**風向**（風が吹いてくる方向），矢羽根の数で**風力**（風の強さ）をそれぞれ表す。

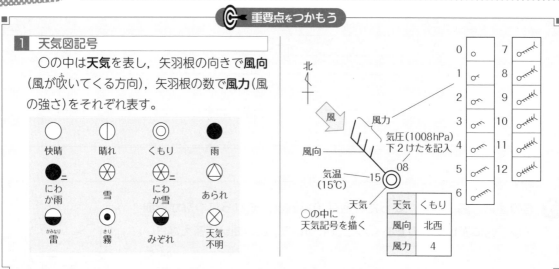

天気	くもり
風向	北西
風力	4

Step 1 基本問題

解答▶別冊15ページ

1 図解チェック⚡ 次の図の空欄に，適当な語句，数字を入れなさい。

▶天気図の読み方◀

天気，風力，風向
・晴れ・風力 **②**
・ **③** の風
└ 16方位で表す。

風の強さ
A地点とB地点では A＜B 等圧線が密で，付近の気圧の差が激しい。

①
1000hPaを基準に4hPaごとにひく。20hPaごとに太くする。

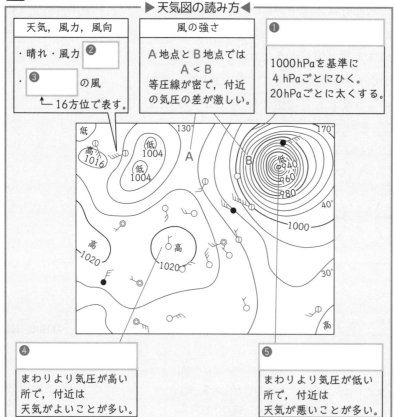

④ まわりより気圧が高い所で，付近は天気がよいことが多い。

⑤ まわりより気圧が低い所で，付近は天気が悪いことが多い。

2 [乾湿計の示度] 次の問いに答えなさい。

(1) 乾湿計に示度の差が生じる原因を次の**ア〜カ**から1つ選び, 記号で答えなさい。　　　　　　　　　　　[　　　]

　ア 断熱膨張　　イ 融解熱　　ウ 気化熱

　エ 毛管現象　　オ 表面張力　　カ 比熱

(2) 乾湿計が下の図のような示度のときの湿度はいくらですか。
[　　　]

		乾球温度計と湿球温度計の示度の差〔℃〕						
		3.5	4.0	4.5	5.0	5.5	6.0	6.5
乾球温度計の示度〔℃〕	20	68	64	60	56	52	48	44
	19	67	63	59	54	50	46	42
	18	66	62	57	53	49	44	40
	17	65	61	56	51	47	43	38
	16	64	59	55	50	45	41	36
	15	63	58	53	48	45	39	34
	14	62	57	51	46	41	37	32
	13	60	55	50	45	39	34	29
	12	59	53	48	43	37	32	27

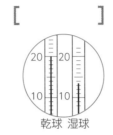

乾球　湿球

3 [天気図記号] 右の図の天気図記号の示す風向, 風力, 天気を答えなさい。

北

風向 [　　　] 風力 [　　　] 天気 [　　　]

4 [気象の観測] 次の問いに答えなさい。

(1) 右の図は, 風向を測定するのに使う装置である。真北から風が吹いてきたとき, 図に示した先端がさす方角として適するものを, 次の**ア〜エ**から1つ選び, 記号で答えなさい。
[　　　]

先端

　ア 東　　イ 西　　ウ 南　　エ 北

(2) 風向, 風力, 気温のはかり方について説明したものとして適するものを, 次の**ア〜エ**から1つ選び, 記号で答えなさい。
[　　　]

　ア 風力は, 専用の測定器具がなければ周囲のものの動きを参考に測定する。

　イ 気温は, 温度計に直射日光をあてて測定する。

　ウ 風向は, 校舎のような大きな建物の壁ぎわで測定する。

　エ 気温は, 温度計を地面にできるだけ近づけて測定する。

〔神奈川-改〕

⚠ 注意 乾球湿球温度計 (乾湿計)

乾球はそのときの気温を示す。湿球は水の蒸発にともない気化熱を奪われるので, 気温より低くなる。

空気が乾燥しているときは水の蒸発がさかんなので, 示度の差が大きくなる。

🎓 くわしく 風向, 風力, 天気の観測

風向は風が吹いてくる方向である。風力は矢羽根の数で表す。

天気は, 空全体を占める雲の量の割合で判断する。空全体を10としたとき, 0, 1のときを快晴, 2〜8のときを晴れ, 9, 10のときをくもりとする。

⚠ 注意 気温の測定

気温は地上から1.5 mぐらいの高さで, 直射日光のあたらない, 風通しのよい所で測定する。

☕ ひと休み 視程の観測

大気中の水蒸気やちりの混じりぐあいの程度を表したものが視程である。0〜9の10階級で表す。

階級	視程の範囲〔km〕
0	0.05 未満
1	0.05〜0.2
2	0.2〜0.5
3	0.5〜1
4	1〜2
5	2〜4
6	4〜10
7	10〜20
8	20〜50
9	50 以上

〈視程階級〉

Step **2** 標準問題

| | 時間 30分 | 合格点 70点 | 得点 点 |

解答▶別冊16ページ

1 [乾湿計の読み取り] 乾湿計を用いて気温と湿度を測定したところ，乾湿計は図のようになった。また，表は，この測定に用いた乾湿計用の湿度表の一部を示したものである。あとの問いに答えなさい。

1 (11点×2−22点)

(1)	
(2)	

ワンポイント

湿球は，通常の温度計に湿ったガーゼなどを巻いたものである。乾球と湿球の示度の差により湿度を求めることができる。

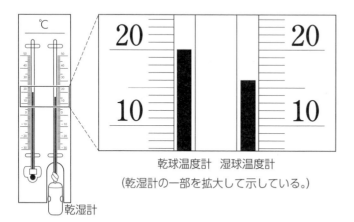

乾球温度計　湿球温度計
（乾湿計の一部を拡大して示している。）

乾球の読み [℃]	乾球の読みと湿球の読みの差〔℃〕					
	0	1	2	3	4	5
22	100	91	82	74	66	58
21	100	91	82	73	65	57
20	100	91	81	72	64	56
19	100	90	81	72	63	54
18	100	90	80	71	62	53

(1) 気象観測において，乾湿計を用いて気温と湿度を測定する方法として，適切なものを，次の**ア〜エ**から選び，記号で答えなさい。

　ア 風通しがよい場所で，直射日光があたるようにして測定する。

　イ 風通しがよい場所で，直射日光があたらないようにして測定する。

　ウ 風が通らない場所で，直射日光があたるようにして測定する。

　エ 風が通らない場所で，直射日光があたらないようにして測定する。

重要 (2) 乾湿計が図の値を示すときの湿度を，表を用いて求めなさい。

〔山口−改〕

2 [気象観測] 次の図は，ある晴れた日の気温，湿度（しっど），気圧の測定結果である。あとの問いに答えなさい。

(1) 気圧，湿度の変化を示しているグラフは，次の図中A～Cのうちのどれか。それぞれ記号で答えなさい。

記述式 (2) (1)の判断をした理由は何か。1つ答えなさい。

(3) この日の1日のうち，空気の単位体積あたりの水蒸気の含有量（がんゆうりょう）が変化していないとすれば，露点（ろてん）に最も近くなるのは何時ごろと考えられるか，答えなさい。

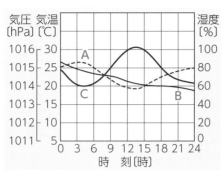

〔大阪青凌高－改〕

2 (12点×4－48点)

(1)	気圧
	湿度
(2)	
(3)	

---

3 [天気の変化] 下の図1は日本のある観測地点での，ある年の9月22日から4日間の観測結果である。図2は，観測期間中の9月24日6時の天気図の一部である。次の問いに答えなさい。

(1) 観測地点では，1日中晴れていた日が，観測期間中に1日だけあった。それは何日か。次のア～エから1つ選び，記号で答えなさい。

ア 9月22日　　イ 9月23日
ウ 9月24日　　エ 9月25日

(2) 観測期間中，図2の台風が観測地点に最も近づいたのは何日の何時ごろか。次のア～エから1つ選び，記号で答えなさい。

ア 9月23日18時　　イ 9月24日9時
ウ 9月24日14時　　エ 9月25日6時

(3) 図2の中のA，B，Cの3地点を，気圧の高いものから順に並べなさい。

〔高知－改〕

3 (10点×3－30点)

(1)	
(2)	
(3)	

ワンポイント

(1)晴れている日には，気温と湿度は逆の変化をする。

図1

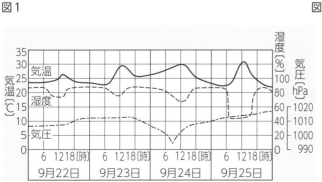

図2

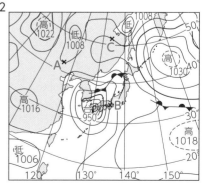

18 圧力と大気圧

重要点をつかもう

1 圧 力

ふれあう面の $1\,m^2$ あたりの面積を垂直にお
す力。単位は，N/m^2（ニュートン毎平方メー
トル），Pa（パスカル），hPa（ヘクトパスカル）
など。

$$1\,N/m^2 = 1\,Pa,\quad 1\,hPa = 100\,Pa$$

$$圧力〔N/m^2(Pa)〕= \frac{面を垂直におす力〔N〕}{力がはたらく面積〔m^2〕}$$

2 空気の重さ

ゴムボールの空気を抜く前とあとでは，ゴ
ムボールの重さは異なる。これはゴムボール
に含まれていた空気の重さの違いである。

3 大気圧

空気の重さによる圧力のこと。

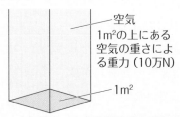

空気
$1\,m^2$の上にある
空気の重さに
よる重力（10万N）

$1\,m^2$

・大気圧は，あらゆる向きに同じ
　ようにはたらく。
・大気圧は，海面で1013hPaであ
　る。（1気圧）

▲大気圧

Step 1 基本問題

解答▶別冊16ページ

1 図解チェック⚡ 次の図の空欄に，適当な語句，数字を入れなさい。

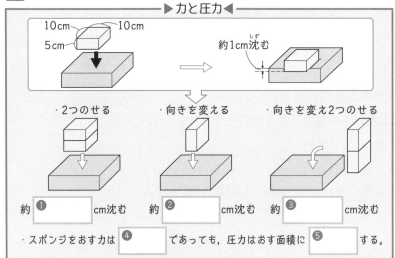

▶力と圧力◀

10cm　　10cm
5cm

約1cm沈む

・2つのせる　　・向きを変える　　・向きを変え2つのせる

約 ① 　 cm沈む　　約 ② 　 cm沈む　　約 ③ 　 cm沈む

・スポンジをおす力は ④ 　 であっても，圧力はおす面積に ⑤ 　 する。

▶大気圧◀

菓子袋

ふもと ➡ 山頂

菓子袋を山頂に持っていくと膨らむ。

これは，山頂では大気圧が ⑦ 　
ため，大気圧が袋の中の気圧より
⑧ 　 なるからである。

標高が高くなるほど，⑥ 　
は小さくなる。

Guide

ことば　圧 力

水平な面に置いた物
体が面をおす圧力の大きさは，
物体の重さに比例し，接触し
ている面積に反比例する。

ことば　大気圧

地球上の物体が空気
から受ける圧力を大気圧とい
い，海面で約 $1013\,hPa$ である。

2 ［面の大きさと圧力］図のような直方体で、はたらく重力が 0.72 N の物体がある。次の問いに答えなさい。

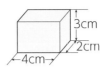

(1) この物体の机におよぼす圧力が最大になるようにして、この物体を水平な机の上に置いた。このときの圧力はいくらですか。
　　　　　　　　　　　　　　　　［　　　　　　］N/m²

(2) この物体の机におよぼす圧力が最小になるようにして、この物体を水平な机の上に置いた。このときの圧力はいくらですか。
　　　　　　　　　　　　　　　　［　　　　　　］N/m²

3 ［面積と圧力］右の図のような直方体の物体を床(ゆか)に置いた。次の問いに答えなさい。

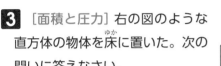

(1) A～Cのどの面を下にして置くと、床が受ける圧力の大きさは最小になりますか。
　　　　　　　　　　　　　　　　　　　　　［　　　　］

(2) 床が受ける圧力が最大になるのは、どの面を下にして置いたときですか。　　　　　　　　　　　　　［　　　　］

4 ［圧力と大気圧］下の図のように空き缶(かん)に水を入れて加熱し、沸騰(ふっとう)させたあとに加熱をやめ、空き缶全体をラップシートでくるんだ。これについて、次の問いに答えなさい。

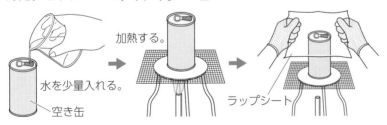

水を少量入れる。　　加熱する。　　ラップシート
空き缶

(1) 空き缶全体をラップシートでくるんだあとしばらくすると、空き缶はどのように変化するか、書きなさい。
　　　　　　　　　　　　　　　［　　　　　　　　］

(2) 次の文章は(1)の変化の原因を説明した文章である。①～④にあてはまる語を書きなさい。

　　空き缶を加熱することで、空き缶の中の水が［①　　　　　］になる。加熱をやめ、しばらくするとこの［①］が冷えて［②　　　　　］に戻(もど)る。このとき、空き缶内の気体は少なくなる。そのため、空き缶内の［③　　　　　　　］が小さくなり、空き缶は［④　　　　　　］に押(お)される。

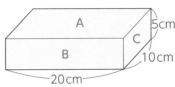

注意 圧力の単位
N/m²(ニュートン毎平方メートル)、Pa(パスカル)があり、「Pa」は天気予報で「hPa」として使われている。

注意 物体の面積と圧力
物体の底面積が最小のとき、物体が受ける圧力は最大となる。

くわしく 空気の圧力
わたしたちのからだには空気の柱による圧力がかかっている。そのため、例えば富士山頂(3776 m)では、地表に比べて空気の柱が短いので、圧力も小さい。

第1章
第2章
第3章
第4章
総仕上げテスト

Step ② 標準問題

解答▶別冊17ページ

重要 **1** ［圧 力］図を見て，あとの問いに答えなさい。ただし，100 g の物体にはたらく重力を 1 N とする。

図1

図2

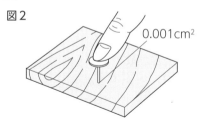

0.001cm²

(1) あるゾウは体重が 4.2 t，4 本のあしの総面積は 5000 cm² であった。ゾウのあしが地面に加える圧力を求めなさい。

(2) 図 2 のように，先端の面積が 0.001 cm² の画びょうに 8.4 N の力を加えたとき，針の先が板に加える圧力を求めなさい。

(3) (2)の画びょうの針が板に加えた圧力と同じ大きさの圧力を，(1)のゾウのあしで地面に加えるには，1 頭目のゾウの上にさらに同じ体重のゾウを何頭積み重ねればよいですか。

1 (8点×3−24点)

(1)
(2)
(3)

ワンポイント

圧力〔N/m²〕＝
$\dfrac{面を垂直におす力〔N〕}{力がはたらく面積〔m²〕}$

2 ［大気の圧力］図のように，アルミニウムの空き缶に少量の水を入れて加熱し，十分に沸騰したところで，加熱をやめると同時に缶の口を閉じた。そのまま放置すると，空き缶はひとりでにつぶれた。次の問いに答えなさい。

A　　　　　　　B　　　　　　　C

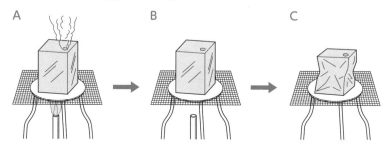

(1) C のとき，空き缶の中の空気はどのようになっていますか。

(2) 空き缶がつぶれたのは，何のはたらきによりますか。

(3) (2)のはたらきが生じたのは，空気に何があるためですか。

(4) 海面近くと富士山山頂とで，(2)の大きさが大きいのはどちらですか。

2 (8点×4−32点)

(1)
(2)
(3)
(4)

ワンポイント

空き缶には，約 1013 hPa の大気の圧力がはたらいている。
大気の圧力は，海面と富士山山頂とでは大きさが違う。

3 ［大気圧］大気圧に関する次の問いに答えなさい。

(1) 吸ばんがガラス板にはりつくことを説明した次の文章の①，②に入る適切なことばの組み合わせを，あとの**ア〜エ**から 1 つ選び，記号で答えなさい。

吸ばんをガラス板におしつけると，ガラス板と吸ばんの間の空気がおし出され，ガラス板と吸ばんの間の空気の圧力は　①　なり，大気圧との差が生じてガラス板にはりつく。ガラス板を逆さにしても吸ばんは同様にはりついていることから，大気圧は　②　向きにはたらいていることがわかる。

　　ア　①　小さく　　②　あらゆる　　イ　①　小さく　　②　下
　　ウ　①　大きく　　②　あらゆる　　エ　①　大きく　　②　下

(2) 簡易真空ポンプでペットボトルの空気を抜くと，ペットボトルがつぶれた。次の文の①，②に入る適切なことばの組み合わせを，あとのア〜エから1つ選び，記号で答えなさい。

　　　ペットボトルがつぶれたのは，ペットボトルの中の空気の圧力が　①　なり，大気圧との差が　②　なったためである。

　　ア　①　大きく　　②　小さく　　イ　①　大きく　　②　大きく
　　ウ　①　小さく　　②　小さく　　エ　①　小さく　　②　大きく

(3) 空気ポンプで空気をつめこんだ 500 cm³ の缶がある。缶の重さを電子てんびんではかると 80.45 g であった。次に，右の図のように，水上置換法で缶から出した空気を集めると，1000 cm³ のペットボト

ルがいっぱいになったところでちょうど空気は出なくなった。このときの，缶の中の空気の圧力は，大気圧と同じになっていた。再び缶の重さをはかると 79.25 g であった。

① 1000 cm³ のペットボトルに入った空気の重さは何 g ですか。
② 空気が出なくなったあとの缶の中の空気の重さは何 g ですか。

〔兵庫-改〕

重要 **4** ［大気圧〕図1のような，質量が 2500 g のレンガがある。このレンガの3つの面をそれぞれ面A，面B，面Cとし，図2に示すように，水平な台の上に面Aを上にして置いたものをS，面Bを上にして置いたものをTとする。

　　図2について，Sのようにレンガを置いたときと，Tのようにレンガを置いたときに，台にはたらくレンガによる圧力の大きさを，それぞれ P_1，P_2 とすると，これらの関係はどのようになるか。次のア〜ウから選び，記号で答えなさい。

　　ア　$P_1 > P_2$　　イ　$P_1 < P_2$　　ウ　$P_1 = P_2$

〔福島-改〕

3 (8点×4-32点)

(1)
(2)
(3) ①
②

ワンポイント

(1) 大気圧はあらゆる向きに同じ大きさではたらく。

(3) 1000 cm³ の空気の重さは，空気をつめこんだ缶の重さと，空気が出なくなった缶の重さの差である。
空気が出なくなっても，缶には，500 cm³ の空気が残っている。

4 (12点)

図1　　　　　　図2

19 霧や雲の発生

重要点をつかもう

1 飽和水蒸気量

ある温度の空気 $1 m^3$ 中に含むことのできる水蒸気の質量〔g〕で，気温が高くなるほど**飽和水蒸気量**は大きくなる。

2 湿　度

$$\frac{空気 1 m^3 中に含まれている水蒸気量〔g/m^3〕}{その気温での飽和水蒸気量〔g/m^3〕} \times 100$$

3 露　点

水蒸気を含んだ空気が冷えたとき，水蒸気の凝結が始まる温度で，気温が**露点**以下になると水滴ができ始める。

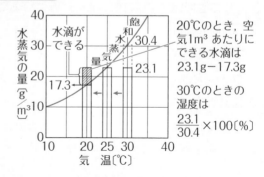

20℃のとき，空気 $1m^3$ あたりにできる水滴は
$23.1g - 17.3g$

30℃のときの湿度は
$\frac{23.1}{30.4} \times 100$〔%〕

Step 1 基本問題

解答▶別冊17ページ

1 図解チェック⚡ 次の図の空欄に，適当な語句を入れなさい。

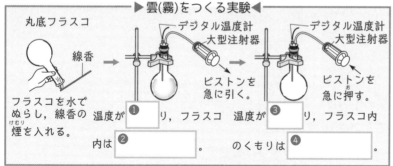

▶雲(霧)をつくる実験◀

丸底フラスコ

線香

フラスコを水でぬらし，線香の煙を入れる。

デジタル温度計　大型注射器

ピストンを急に引く。

温度が ① り，フラスコ内は ② 。

デジタル温度計　大型注射器

ピストンを急に押す。

温度が ③ り，フラスコ内のくもりは ④ 。

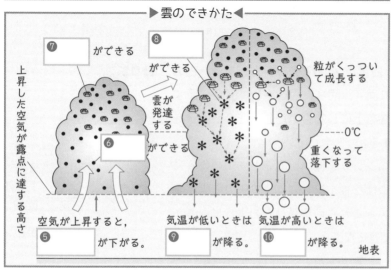

▶雲のできかた◀

上昇した空気が露点に達する高さ

⑦ ができる

⑧ ができる

雲が発達する

⑥ ができる

粒がくっついて成長する

---0℃

重くなって落下する

空気が上昇すると，⑤ が下がる。

気温が低いときは ⑨ が降る。

気温が高いときは ⑩ が降る。

地表

Guide

⚠ 注意 **水蒸気の凝結**
露点以下になると，大気中の水蒸気は凝結する。

🎓 くわしく **断熱膨張**
空気に熱を加えないで急激に膨張させると，内部のエネルギーが使われて，気温が下がる。

⚠ 注意 **雲の発生**
上昇する空気の断熱膨張による気温の低下で水蒸気は凝結する。
雲の形は空気の上昇のしかたによって左右される。

2 [雲のできかた] 雲のできかたを観察するため、内部を水でぬらした丸底フラスコを使って右の図のような実験装置を組み立てた。次の問いに答えなさい。

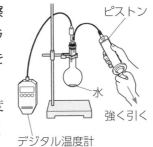
ピストン
水
強く引く
デジタル温度計

記述式
(1) ピストンを引くとフラスコ内の温度が下がったが、フラスコ内は白くくもらなかった。実験でフラスコ内を白くくもらせるためには、どのようなことをしておく必要があるか、簡潔に書きなさい。

[　　　　　　　　　　　　　　　　　　　　]

(2) 雲のできかたについて説明した次の文章の①、②に適当な語句を入れ、文章を完成させなさい。

　空気が上昇すると、上空では、　①　が低いため空気が膨張し、温度が下がる。やがて、気温が　②　に達すると空気中の水蒸気が水滴となり、雲ができる。

①[　　　　　] ②[　　　　　]〔長崎－改〕

3 [湿度の変化] 湿度の変化にはいくつかの原因がある。電気ストーブで部屋の温度を高くすると、湿度が低くなった。このとき、湿度が低くなった原因として適切なものを、次のア～エから選び、記号で答えなさい。　[　　　　]

ア 部屋の空気中の水蒸気量が小さくなった。
イ 部屋の空気中の水蒸気量が大きくなった。
ウ 部屋の空気の飽和水蒸気量が小さくなった。
エ 部屋の空気の飽和水蒸気量が大きくなった。　〔奈良－改〕

4 [湿　度] 下の表は各温度における飽和水蒸気量である。いま、20℃の大気 1 m³ 中に 13.6 g の水蒸気が含まれていたとする。このとき、次の問いに答えなさい。

気温〔℃〕	12	14	16	18	20	22
飽和水蒸気量〔g/m³〕	10.7	12.1	13.6	15.4	17.3	19.4

(1) この大気の湿度は何％ですか。小数第2位を四捨五入し、小数第1位まで答えなさい。　[　　　　　]
(2) この大気の露点は何℃ですか。　[　　　　　]
(3) この大気が12℃になったとき、凝結する水蒸気の量は、大気 1 m³ あたり何 g になりますか。　[　　　　　]

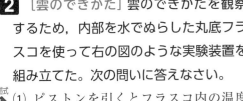

注意　凝結核
フラスコ内に線香の煙を入れるのは、凝結核にするためである。
凝結核がなければ、飽和に達していても、水滴ができない。

くわしく　雲・霧・露・霜
水蒸気が、上昇する空気中で凝結した場合を雲、地表付近で冷やされて凝結した場合を霧という。
これが、地表の物体に接した場合を露(0℃以上)、霜(0℃以下)という。

ことば　湿度〔％〕
その温度での飽和水蒸気量に対する、実際に含まれている水蒸気の量の割合をいう。
湿度が100％になる温度を露点という。

注意　湿度と露点
気温が同じであれば、湿度が高いほど、空気はたくさんの水蒸気を含んでおり、露点に達しやすく、水滴ができやすい。

ひと休み　水の循環
地球上の水は、気体・液体・固体とその姿を変えながら、海→大気中→地上→地中と循環している。
そのみなもとになっているのは、太陽のエネルギーである。

重要 **1** [湿度] 空気の温度を横軸にとり，その空気 1 m³ 中に含まれる水蒸気の量を縦軸にとると，いろいろな状態の空気が，平面上の点で示される。右の図の曲線は，水蒸気が飽和状態にある空気を示す点を連ねたものである。図中のア〜エで示される 4 つの空気のうち，次の①，②にあてはまるものを選びなさい。

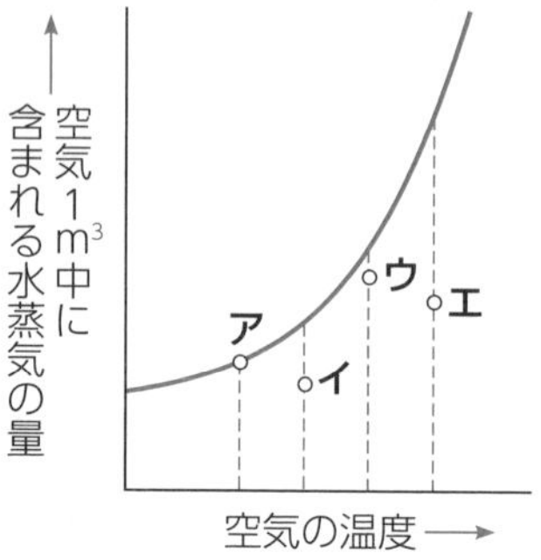

①最も湿度が高い空気

②最も湿度が低い空気

（縦軸：空気 1 m³ 中に含まれる水蒸気の量　横軸：空気の温度）

1 (8点×2−16点)

①
②

💡ワンポイント

曲線上にある点は，湿度 100%の状態である。

重要 **2** [雲のできかた] 右の図のような実験装置を用いて，フラスコ内に雲をつくろうとしている。これについて，次の文章を読んで，あとの問いに答えなさい。

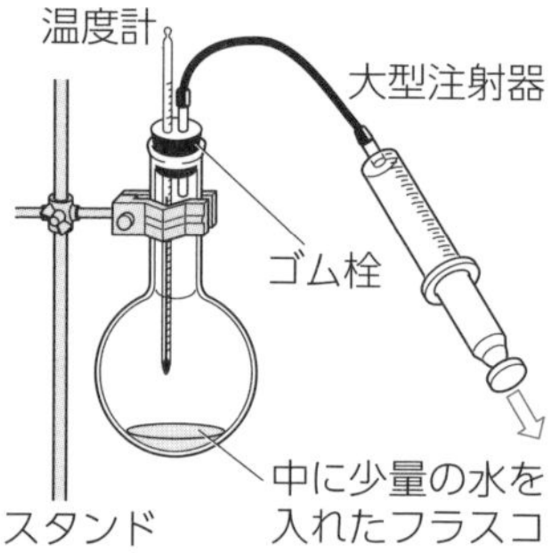

（図：温度計，大型注射器，ゴム栓，中に少量の水を入れたフラスコ，スタンド）

　フラスコ内に少量の水を入れ，次に，線香の煙を入れたあと，大型注射器のピストンをすばやく引くと，フラスコ内がくもって，雲ができる。

　この現象は次のように考えることができる。ピストンを引くということは，フラスコ内の空気を ① させるということである。このとき，フラスコ内の気温は ② り，露点に達するため，フラスコ内に雲ができる。

(1) 文章中の①，②にあてはまる適当な語句を入れて，文章を完成させなさい。

記述式 (2) 下線部について，少量の水を入れた理由は何か。簡潔に答えなさい。

記述式 (3) 自然界において，雲はどのようにしてできるか。下の語句をすべて使って説明しなさい。

> 露点　　大気中のちり　　気圧
> 上昇する空気のかたまり

2 (8点×4−32点)

(1)	①
	②
(2)	
(3)	

〔土佐高−改〕

3 ［雲の発生］右のグラフは，地表であたためられた空気が上昇気流<ruby>じょうしょう</ruby>となって大気中を上昇していくときの，高さと温度との関係を示したものである。次の問いに答えなさい。

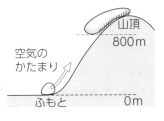

(1) 上昇気流は地上何 m の高さで雲を発生させましたか。

記述式 (2) 雲が発生し始めると，上昇する空気の温度の下がる割合が小さくなるのはなぜですか。

(3) 上昇気流が雲を生じながら上昇を続けたとき，湿度<ruby>しつど</ruby>はどうなりますか。

(4) 周囲の空気が地上で 23℃ であり，100 m 高くなるごとに，1000 m までは気温が 0.6℃ ずつ低くなり，1000 m 以上では 0.4℃ ずつ低くなっているとすれば，上昇気流は何 m の高さで上昇が止まりますか。

3 (7点×4−28点)

(1)

(2)

(3)

(4)

┌─ ワンポイント ─┐
空気中の水蒸気が飽和<ruby>ほうわ</ruby>すると，温度が下がる割合が変わる。

---

4 ［空気の上昇］右の図は，空気のかたまりが，高さ 0 m のふもとから山の斜面<ruby>しゃめん</ruby>に沿って山頂まで上昇したときのようすを模式的に表したものである。800 m の高さで，<u>空気のかたまりに含<ruby>ふく</ruby>まれる水蒸気が水滴<ruby>すいてき</ruby>になって雲ができ始め</u>，山頂まで雨が降った。次の問いに答えなさい。

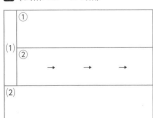

(1) 下線部について，次の①，②に答えなさい。
　①水蒸気が水滴に変化することを何というか，書きなさい。
　②空気のかたまりに含まれる水蒸気はどのようにして水滴になるか。次のア〜エを順に並べて書きなさい。
　　ア 空気のかたまりが膨張<ruby>ぼうちょう</ruby>する。
　　イ 空気のかたまりが上昇する。
　　ウ 空気のかたまりが露点<ruby>ろてん</ruby>に達する。
　　エ まわりの気圧が低くなる。

(2) 乾湿計<ruby>かんしつ</ruby>を使い，空気のかたまりの乾球<ruby>かんきゅう</ruby>と湿球<ruby>しっきゅう</ruby>の温度差をふもとから山頂まで調べると，高さと温度差の関係はどのようなグラフで表されるか。右のグラフの**ア〜エ**から選び，記号で答えなさい。

〔青森−改〕

4 (8点×3−24点)

(1)　①

　　②　→　　→　　→

(2)

┌─ ワンポイント ─┐
(1)まわりの気圧が低くなると，空気は膨張する。
(2)空気が上昇すると湿度は高くなる。

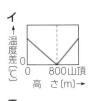

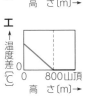

20 気 圧 と 風

重要点をつかもう

1 大気圧

大気の重さによって生じる圧力のため，高い山頂のように高度の高い所ほど低い。

高度〔m〕

エベレスト山（チョモランマ）　富士山

気　圧〔hPa〕

2 大気圧の大きさ

1 気圧＝1013 hPa（ヘクトパスカル）

1 cm² あたり，およそ 10 N の圧力である。

3 等圧線

気圧の同じ地点を結んだ曲線。

4 風

水平方向の空気の流れ。垂直方向は**気流**という。風は気圧の高い所（**高気圧**）から気圧の低い所（**低気圧**）へと流れる。

Step 1 基本問題

解答▶別冊18ページ

1 図解チェック⚡ 次の図の空欄に，適当な語句，数字を入れなさい。

▶気圧と風・気流(北半球)◀

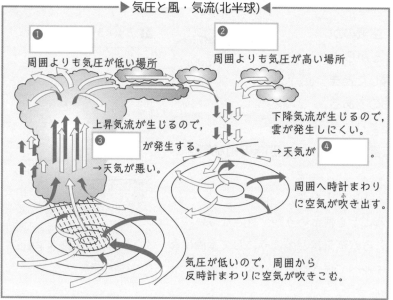

① ____

周囲よりも気圧が低い場所

② ____

周囲よりも気圧が高い場所

上昇気流が生じるので，③ ____ が発生する。
→天気が悪い。

下降気流が生じるので，雲が発生しにくい。
→天気が ④ ____ 。

周囲へ時計まわりに空気が吹き出す。

気圧が低いので，周囲から反時計まわりに空気が吹きこむ。

▶等圧線◀

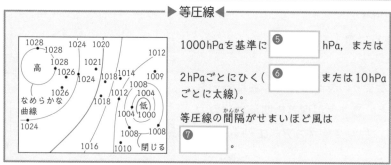

1028　1024　1020
1028　1024　1012
高　1026　1021
1028　1018 1014 1009
1024　1012 1008
なめらかな曲線　1026　1012 1004
1018　低 1000
1024　1004 1000
1008　1008
1016　1010　閉じる

1000hPaを基準に ⑤ ____ hPa，または

2hPaごとにひく（⑥ ____ または 10hPa ごとに太線）。

等圧線の間隔がせまいほど風は ⑦ ____ 。

Guide

注意 **高気圧と低気圧**
北半球では，高気圧の中心付近では風は時計まわりに吹き出し，低気圧の中心付近では，反時計まわりに吹きこむ。

ことば **高気圧**
周囲より気圧が高いところを高気圧という。
1013 hPa よりも気圧が高いということではない。

くわしく **等圧線**
気圧が等しい場所を結んだ線を等圧線という。地上では等圧線と風向は約30°の角度で交わる。

2 ［気　圧］次の文章を読んで，あとの問いに答えなさい。

　南西側のふもとから登山を始めたところ，①山頂に向かって風が吹いていた。このころ山頂には図１のように雲がかかっていた。山頂に着き，リュックサックから②密封された菓子袋をとり出したところ，図２のようにふもとのときよりも大きく膨らんでいた。北東側のふもとにつくと，急に暗くなり激しい雨が降りだした。

図１

図２

(1) 下線部①のように，山腹に沿ってふもとから山頂に向かって吹く風を何といいますか。［　　　　　］

(2) (1)のように吹く風は，高気圧の中心，低気圧の中心のどちらに見られますか。［　　　　　］

記述式
(3) 下線部②のようになる理由を簡潔に書きなさい。
　　［　　　　　　　　　　　　　　　　　　　　　　　　　　　　］
〔千葉－改〕

3 ［低気圧］右の図は，ある年の４月３日の９時における日本付近の天気図である。これについて，次の問いに答えなさい。

(1) 図中にＰで示した等圧線は何 hPa を示していますか。［　　　　　］

(2) 図中のＱは低気圧を示している。次の文は，低気圧について述べようとしたものである。文中の２つの［　　］内にあてはまるものを，ア，イから１つ，ウ，エから１つ，それぞれ選び，記号で答えなさい。

　　低気圧の中心付近の地表では，低気圧の［ア 中心に向かって周囲から風が吹きこむ　イ 中心から周囲に向かって風が吹き出す］ため，中心付近で［ウ 上昇　エ 下降］気流が起こる。
　　　　　　　　　　　　　　　　　　　［　　　］［　　　］

記述式
(3) 図中のＡ～Ｃのうちで，風が最も強いと考えられる地点はどこか。Ａ～Ｃから１つ選び，記号で答えなさい。また，その理由を「等圧線」ということばを用いて簡潔に書きなさい。
　　［　　　］［　　　　　　　　　　　　　　　　　　　　　　　］
〔香川－改〕

G u i d e

ことば　**気　圧**
　海面付近の気圧は１気圧であるが，空気の重さによって生じる圧力なので，高い場所ほど小さくなる。

ことば　**上昇気流**
　低気圧の中心付近は，上昇気流によって空気が地表から上空へと運ばれる。このとき，空気中の水蒸気が上空で冷やされて，雲が発生することが多くなることから，低気圧の中心付近は，天気が悪くなることが多い。

注意　**等圧線のひきかた**
　ふつう４hPaか２hPaごとにひき，20 hPaか10 hPaごとに太い線をひく。

くわしく　**等圧線と風**
　等圧線の間隔がせまいほど風力は大きくなり，広いほど風力は小さくなる。高気圧の中心付近は，等圧線の間隔が広く，風力は小さい。低気圧の中心付近は，等圧線の間隔がせまく，風力は大きい。

注意　**海面更正**
　気圧は高度によって変わるので，天気図に記録される気圧は海抜０mの値に補正されている。

Step **2** 標準問題

	時 間	合格点	得 点
	30分	70点	点

解答▶別冊19ページ

重要 **1** [気　圧] 気圧について，次の問いに答えなさい。

(1) 海面からの高さ〔km〕と気圧〔hPa〕との関係を示したグラフとして適当なものを，次の**ア〜エ**から１つ選び，記号で答えなさい。

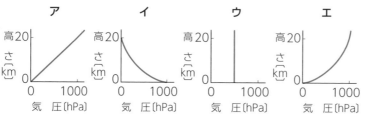

1 (7点×2−14点)

(1)
(2)

┌ワンポイント┐
(1) 高い山の上では，袋が大きく膨らむことから考える。

(2) 高気圧の記述として誤っているものを，次の**ア〜エ**から１つ選び，記号で答えなさい。

ア 1000 hPa 以上の気圧を示す区域

イ 周囲より気圧の高い区域

ウ 南半球では反時計まわりに空気が吹き出す。

エ 北半球では時計まわりに空気が吹き出す。

2 [気圧と風の向き] 気圧と風向について，次の問いに答えなさい。

(1) 低気圧の特徴について述べたものとして適当なものを，次の**ア〜エ**から選び，記号で答えなさい。

ア 中心から周辺に向かって風が吹くため，中心では上昇気流が生じる。

イ 中心から周辺に向かって風が吹くため，中心では下降気流が生じる。

ウ 周辺から中心に向かって風が吹くため，中心では上昇気流が生じる。

エ 周辺から中心に向かって風が吹くため，中心では下降気流が生じる。

(2) 気圧と風の関係について述べた次の文章を読み，A〜Cにあてはまる語句を書きなさい。

> 風は，気圧が　A　所から　B　所に向かって吹く。このとき，気圧の差が大きいほど　C　風が吹く。

2 (8点×4−32点)

(1)	
(2)	A
	B
	C

〔神奈川−改〕

3 [気圧と風の向き] 冬のある日，校庭で気象を観測し，調査を行った。これらについて，あとの問いに答えなさい。

観測 校庭で空を見わたしたところ，空全体を 10 としたとき，雲がおおっている割合が 5 であり，雨や雪は降っていなかった。図1のような風向風速計で，風力と風向を調べたところ，風力は 3 であった。図2は，このときの，図1の風向を調べる部分について，上から見たようすを示したものである。

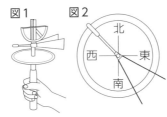
図1　図2

調査 インターネットを使って，天気図を調べた。図3は観測した日の午前9時の天気図である。

図3
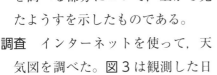
1042　1040　地点A　994　998　1000　地点B　地点C　1020

重要
(1) 観測結果から，校庭で観測した天気，風向，風力を表す天気図記号を右の図に描きなさい。

記述式
(2) 図3の地点A〜Cのうち，天気図のようすから最も強い風が吹いていると考えられるのは，どの地点か，記号で答えなさい。また，その理由を，「等圧線」という言葉を用いて説明しなさい。

〔岐阜一改〕

3 (10点×3—30点)

(1)	（図に記入）
	地点
	理由
(2)	

北　西　東　南

ワンポイント
(2) 等圧線の間隔がせまいほど，風は強く吹いている。

---

4 [風] 台風の中心が右の図のように，A，B両地点の中間付近を矢印の方向に通過した。地形による影響を考えないものとして，次の問いに答えなさい。

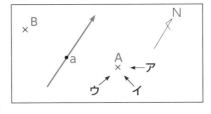
B　a　N　A　ア　ウ　イ

(1) 台風の中心がaの位置にあるとき，A地点ではどの向きの風が吹いているか。図中のア〜ウから1つ選び，記号で答えなさい。

(2) 台風がしだいに近づいてくると，A地点では風向きがどのように変わるか。次のア〜ウから1つ選び，記号で答えなさい。
　ア 東の風が南東の風に変わり，風力はだんだん強くなる。
　イ 東の風が北東の風に変わり，風力はだんだん強くなる。
　ウ 東の風のままで，風力がだんだん強くなる。

(3) A地点とB地点で，風力が大きいのはどちらですか。

4 (8点×3—24点)

(1)	
(2)	
(3)	

ワンポイント
(1) 台風は熱帯低気圧が発達したもので，低気圧と同じように，反時計まわりに風が吹きこむ。

Step **3** 実力問題①

【　　月　　日　】

時間	合格点	得点
30分	70点	点

解答▶別冊19ページ

1 右の図のように，簡易真空ポンプでペットボトルの中の空気を抜いていくと，ペットボトルがつぶれた。次の問いに答えなさい。(30点)

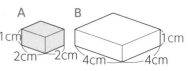

↑空気を抜く。
簡易真空ポンプ
まん中に穴を
あけたゴムシート
ペットボトル

(1) この現象を説明した次の文の①，②に適切な語句を入れて，文を完成させなさい。(各10点)

空気を抜くことによって，ペットボトルの中の圧力が ① くなったために，ペットボトルの外からかかっている ② によってつぶれた。

(2) ペットボトルのつぶれ方を，次の**ア〜ウ**から選びなさい。(10点)

ア 上下につぶれた。　　**イ** まん中がつぶれた。　　**ウ** 上下左右につぶれた。

(1)	①	②	(2)

2 縦・横2cm，高さ1cmのおもりA(質量400g)と縦・横4cm，高さ1cmのおもりB(質量800g)がある。次の問いに答えなさい。ただし，100gの物体にはたらく重力を1Nとする。(28点)

図1

A　　　B
1cm　　　　　　1cm
2cm　2cm　4cm　4cm

(1) おもりA，Bを机の上に図1のように置くと，机が受ける圧力はそれぞれいくらですか。(各7点)

図2　　　　　　図3

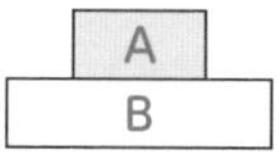

図2: A / B
図3: B / A

(2) 図2のように置くと，机が受ける圧力はいくらになりますか。(7点)

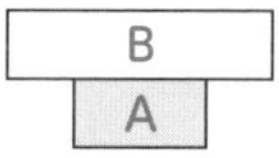

(3) 図3のように置くと，机が受ける圧力はいくらになりますか。(7点)

(1)	A	B	(2)	(3)

3 次の問いに答えなさい。(16点)

(1) 気象観測のしかたに関して述べた文として，誤っているものを選びなさい。(8点)

ア 気温は，地上から1.5m程度の高さで風通しのよいところではかる。

イ 湿度は，乾球と湿球の示度の差から求めるが，一般に湿球の示度が低い。

ウ 雨量は，円筒の容器に降った水の深さであり，容器の大きさは関係ない。

エ 風向は，紙テープや煙などがたなびく方向で判断でき，風下の方向を示す。

(2) 日本のある地点では空全体の7割程度が青空であった。この地点の天気を記号で示したものを選びなさい。ただし，この地点は見通しの良い場所で，観測時に雨は降っていなかった。(8点)

ア ○　　イ ○（空白）　　ウ ○（縦線）　　エ ⊗

(1)	(2)

〔東京学芸大附高—改〕

4 一郎さんは，実験室の窓ガラスがくもるようすを観察した。次の文章は，一郎さんが行った観察についてまとめたものである。これらについて，気温と飽和水蒸気量の関係を示した表を用いて，あとの問いに答えなさい。(18点)

気温と飽和水蒸気量の関係

気温〔℃〕	6	17	18
飽和水蒸気量〔g/m³〕	7.3	14.5	15.4

初め，実験室の室温は17℃，湿度は40％で，実験室の窓ガラスはくもっていなかった。閉めきった実験室内の空気に加湿器を用いて水蒸気を加えていくと，やがて実験室の窓ガラスがくもり始めた。観察を始めてから窓ガラスがくもり始めるまで外気温は6℃で一定であり，窓ガラスがくもり始めたときの実験室の室温は18℃であった。

(1) 観察を始めたときの，実験室内の空気1 m³ 中に含まれる水蒸気量は何 g ですか。(9点)

難問 (2) 観察を始めてから実験室の窓ガラスがくもり始めるまでに，実験室内の空気全体に含まれる水蒸気量はおよそ何 g 増加したと考えられるか，適当なものを，次の**ア〜エ**から選び，記号で答えなさい。ただし，実験室の容積は380 m³ であり，実験室内の空気1 m³ 中に含まれる水蒸気量はどの場所でも一定で，実験室内の空気のうち，窓ガラスと接している部分の温度は外気温と等しいものとする。(9点)

ア 342 g　　**イ** 570 g　　**ウ** 3078 g　　**エ** 3648 g

〔京都－改〕

(1)	(2)

重要 **5** 次のa〜eの文は，雲の発生するしくみを説明したものである。A，Bにあてはまる語句の組み合わせとして適当なものを次の**ア〜ク**から選び，記号で答えなさい。(8点)

a 空気のかたまりが上昇する。　　b 上昇した空気のかたまりの気温が低下する。

c 空気のかたまりに含まれている　A　。

d さらに上昇が続くと，ある高さで空気のかたまりの温度が　B　に達する。

e 空気のかたまりに含まれている水蒸気が水滴となり，雲の粒として目に見えるようになる。

	A	B
ア	水蒸気の量は増加するが，飽和水蒸気量は小さくなる	露点
イ	水蒸気の量は増加するが，飽和水蒸気量は大きくなる	結露
ウ	水蒸気の量は増加するが，飽和水蒸気量は変化しない	露点
エ	水蒸気の量は変化しないが，飽和水蒸気量は小さくなる	結露
オ	水蒸気の量は変化しないが，飽和水蒸気量は小さくなる	露点
カ	水蒸気の量は変化しないが，飽和水蒸気量は大きくなる	結露
キ	水蒸気の量は変化しないが，飽和水蒸気量は大きくなる	露点
ク	水蒸気の量，飽和水蒸気量どちらも変化しない	結露

〔沖縄－改〕

ヒント

4 (2)窓ガラスがくもり始めたときの水蒸気量は気温6℃の飽和水蒸気量に等しい。

第 4 章 天気とその変化 【　　月　　日】

前線と天気の変化

🎯 重要点をつかもう

1 温暖前線

あたたかい空気(暖気)が冷たい空気(寒気)の上にゆるやかに上がる。前線通過後は気温が上がり，**南よりの風**に変わる。

2 寒冷前線

寒気が暖気を強く押し上げて進む。

- 前線が近づくと，突風や雷をともなう**にわか雨**になる。
- 前線通過後は気温が急激に下がり，**北よりの風**に変わる。

3 停滞前線

暖気団と寒気団の勢力が同じで，境界面が動かないため，長雨となることが多い。梅雨，初秋に発達する。

4 温帯低気圧

熱帯低気圧とは異なり，前線をともなう。

- 日本付近ではふつう西から東へ移動する。
- 1 日に数百〜 1000 km 移動する。

5 気団

広い範囲の気温や湿度が同じ空気のかたまりで，日本の北側にできるものが**寒気団**，南側にできるものが**暖気団**になる。

Step 1 基本問題

解答▶別冊19ページ

1 図解チェック⚡ 次の図の空欄に，適当な語句を入れなさい。

▶前線の断面◀

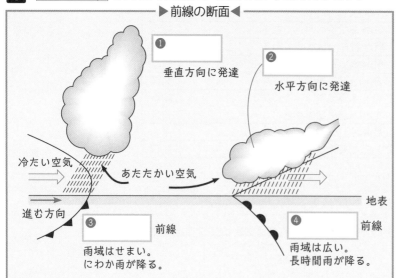

❶ □　垂直方向に発達

❷ □　水平方向に発達

冷たい空気　あたたかい空気

進む方向

❸ □ 前線
雨域はせまい。にわか雨が降る。

❹ □ 前線
雨域は広い。長時間雨が降る。

地表

Guide

⚠️注意 **前線と前線面**
性質の異なる空気が接する面を前線面という。前線面が地表に接している部分を前線という。

🎓くわしく **前線の移動速度**
温暖前線は約 20 〜 30 km/h，寒冷前線は約 30 〜 40 km/h の速さで移動する。

2 [低気圧と前線] 次の問いに答えなさい。

(1) 中緯度にできる温帯低気圧は，ふつう前線をともなっている。前線について説明した文として適当なものを，次の**ア～エ**から選び，記号で答えなさい。 [   ]

　　ア 前線は，暖気団と寒気団が混じり合うことでできる。

　　イ 前線は，暖気団が寒気団をもち上げるところにできる。

　　ウ 前線は，湿度や気温が異なる気団が接するところにできる。

　　エ 前線は，湿度や気温がほぼ一様な気団の中にできる。

(2) 温暖前線にともなう雲のできかたについて説明した文として正しいものを，次の**ア～エ**から選び，記号で答えなさい。 [   ]

　　ア 暖気が寒気にはい上がり，膨張し，温度が下がってできる。

　　イ 寒気が暖気にはい上がり，収縮し，温度が下がってできる。

　　ウ 寒気が暖気にもち上げられ，膨張し，温度が下がってできる。

　　エ 暖気が寒気にもち上げられ，収縮し，温度が下がってできる。

〔佐 賀〕

3 [台 風] 台風について，次の問いに答えなさい。

(1) 右の図のように台風が沖縄県北部に達した。鹿児島市でこの台風が通過する前後の風向観測を行ったところ，東よりの風→北よりの風→西よりの風と変化した。この台風はどの方向に進んだと考えられるか，図のa～cから選び，記号で答えなさい。 [   ]

ある台風の進路予想図

(2) 図の台風が(1)の方向に進んだとき，一般的に，台風の進行方向の右側と左側では，どちらの風力が大きいか，書きなさい。 [   ]

(3) 台風に発達する前の低気圧を何というか，書きなさい。 [   ]

(4) (3)の低気圧は，温帯地方で発生する低気圧と異なり，一般に何をともなわないか，書きなさい。 [   ]

(5) (3)の低気圧，温帯地方で発生する低気圧は，西から東へ移動するが，これは，日本の上空10 kmくらいに吹いている西風のためである。この風を何といいますか。 [   ]

〔群馬－改〕

第1章
第2章
第3章
第4章
総仕上げテスト

注意　気団の性質
⚠️

● 日本の北側にできる
　➡冷たい寒気団

● 日本の南側にできる
　➡あたたかい暖気団

● 海でできる
　➡湿った海洋性気団

● 大陸でできる
　➡乾燥した大陸性気団

注意　低気圧の構造
⚠️　低気圧の中心から南東方向に温暖前線が，南西方向に寒冷前線がのびている。

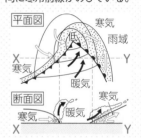

ことば　閉そく前線
　寒冷前線が温暖前線に追いついた状態。天気はくもりがちになる。

ことば　台 風
　発達した熱帯低気圧は，温帯低気圧よりも水平方向の広がりは小さいが，気圧差が大きい。進行速度は温帯低気圧よりも一般におそい。台風の中心を目といい，ここでは雲も少なく風もおだやかになる。

Step **2** 標準問題

時間	30分
合格点	70点
得点	点

【 月 日】

解答▶別冊20ページ

重要 **1** [天気図] 次の図は，ある日の午前9時の天気図を示している。次の問いに答えなさい。

(1) 長崎県のこの日の天気予報として，適当なものはどれか。次のア～エから選び，記号で答えなさい。

ア 湿った南の風が吹き，蒸し暑くなる。

イ 高気圧におおわれ，あたたかくなる。

ウ 冷たい北西の風が吹き，寒くなる。

エ 気温が上がり，大雨が降る。

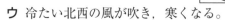

(2) 天気記号◉が示す天気は何ですか。

(3) 天気図に示されている高気圧(気団)の名称は何ですか。

(4) 前線ABのX－Y方向の断面の模式図は，次のア～エのどれか，記号で答えなさい。ただし，「暖」はあたたかい空気を，「冷」は冷たい空気を，矢印は空気の動く向きを示すものとする。

〔長崎－改〕

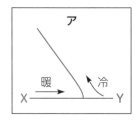 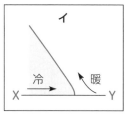 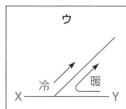 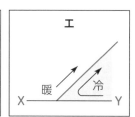

1 (7点×4－28点)

(1)	
(2)	
(3)	
(4)	

ワンポイント

(1)この天気図は，「西高東低」の気圧配置を示している。

2 [前線と気温変化] 図は，日本のある地点Xに中心がある温帯低気圧のつくりを模式的に表したものである。これについて，次の問いに答えなさい。

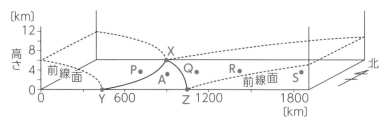

(1) X－Y，X－Zは，前線を表している。X－Zが表す前線を何というか，書きなさい。

2 (8点×3－24点)

(1)	
(2)	
(3)	

ワンポイント

(2)寒冷前線直上では積乱雲が，温暖前線直上では乱層雲が発達する。

(2) 地点P～Sの上空に観測される雲の種類の組み合わせとして適
切なものを，次の**ア**～**エ**から1つ選び，記号で答えなさい。

	地点P	地点Q	地点R	地点S
ア	積乱雲	乱層雲	巻雲	高積雲
イ	乱層雲	積乱雲	巻雲	高積雲
ウ	積乱雲	乱層雲	高積雲	巻雲
エ	乱層雲	積乱雲	高積雲	巻雲

(3) このあと地点Aを前線が通過したときの，地点Aの気象の変化
を説明した文として適切なものを，次の**ア**～**エ**から1つ選び，
記号で答えなさい。

ア 気温が下がり，北よりの風が吹く。

イ 気温が下がり，南よりの風が吹く。

ウ 気温が上がり，強いにわか雨が降る。

エ 気温が上がり，弱い雨が降る。 〔兵庫－改〕

3 [天気の変化] 下の図は前線の変化のようすを3日間にわたっ
て調べたものである。図を見て，次の問いに答えなさい。

① 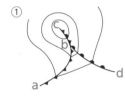 ②  ③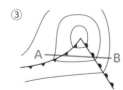

(1) 1日目，2日目，3日目にあたる図を1日目から順に図の番号
で答えなさい。

(2) ①の図で，a～b，b～c，b～dにあたる前線の名称を次の
ア～**オ**からそれぞれ選び，記号で答えなさい。

ア 寒冷前線　　**イ** 温暖前線　　**ウ** 梅雨前線

エ 停滞前線　　**オ** 閉そく前線

(3) 雨の範囲が広く，長時間にわたって降り，通過後に気温が上が
るのは，①の図のa～b，b～dのいずれの前線ですか。

(4) ③の図で，AB線上の大気の断面図として正しいものはどれか。
次の**ア**～**エ**から選び，記号で答えなさい。（⇨はあたたかい空気，
➡は冷たい空気の流れを表す。）

〔九州学院高－改〕

3 (6点×8－48点)

(1)	1日目
	2日目
	3日目
(2)	a～b
	b～c
	b～d
(3)	
(4)	

ワンポイント

(3) 雨域が広く，長時間降
るのは，温暖前線周辺
の乱層雲の特徴である。

第 4 章　天気とその変化　　　　　　　　　　【　　月　　日】

日本の気象と気象災害

◎ 重要点をつかもう

1 偏西風

中緯度の上空につねに吹いている西よりの風のこと。この風にのって，低気圧や移動性高気圧が**西から東**に移動する。そのため，日本の天気は西から東に移り変わる。

2 日本の四季

日本の周辺には，**シベリア気団**，**オホーツク海気団**，**小笠原気団**があり，それぞれの発達と衰退によって日本の四季をつくる。

- **冬の天気**：西にシベリア気団の高気圧，東に低気圧が位置し（**西高東低**の気圧配置），北西の季節風によって，日本海側は雪，太平洋側は晴れの天気が多くなる。
- **春・秋の天気**：移動性高気圧とその間にはさまれた低気圧が交互に通過し，4〜7日周期で天気が移り変わる。

- **梅雨**：北のオホーツク海気団と南の小笠原気団が発達し，その境界に停滞前線ができて，雨の多い，ぐずついた天気が続く。
- **夏の天気**：小笠原気団が発達し，あたたかく湿った空気におおわれ，蒸し暑くなる。
- **台風**：赤道近くの熱帯地方で発生した低気圧が発達したもので，最大風速が **17.2 m/s** 以上のものをいう。

3 気象（低気圧や台風）による災害

建物の破損，高潮，洪水，土砂崩れなどが起こる。また，冬の大雪，夏の日照不足などの異常気象は，農作物に対してあたえる影響が大きい（米や野菜の不作など）。

4 自然からの恩恵

台風，梅雨による**集中豪雨**では，農業・工業用水，水力発電などの**水資源**を得られる。

Step 1 基本問題

解答▶別冊20ページ

1 **図解チェック** 次の空欄に，適当な語句を入れなさい。

▶ 日本のまわりの気団 ◀

▶ 冬の季節風 ◀

Guide

ひと休み　集中豪雨

梅雨前線や寒冷前線，台風にともなう場合が多く，南からあたたかく湿った空気が入りこみ，たくさんの水蒸気を含んだ気流が流れこんで，1 時間に数十 mm もの強い雨が，比較的せまい地域に降る現象。

ことば　移動性高気圧

大陸で発生する，日本をすっぽりおおうくらいの大きさの高気圧で，偏西風により西から東へ移動してくる。

2 [冬の天気] 次の文章の[　]の中で正しいものを選びなさい。

　冬の日本では，シベリアの①[ア　高気圧　　イ　低気圧]から吹き出した風は，日本海の上を通るときに②[ア　水蒸気の量が増加し　　イ　水蒸気の量が減少し　　ウ　水蒸気の量は変化せず]，この風が本州の高い山脈にあたると③[ア　上昇して温度が上がり　　イ　上昇して温度が下がり　　ウ　下降して温度が上がり　　エ　下降して温度が下がり]，雪を降らせる。このあと風は山をこえて太平洋側に吹くため太平洋側の湿度は日本海側に比べて④[ア　高くなる　　イ　低くなる　　ウ　変わらない]。

①[　　　] ②[　　　] ③[　　　] ④[　　　]

3 [日本の天気と台風] 右の図は，ある年の7月6日午前9時の天気図である。次の問いに答えなさい。

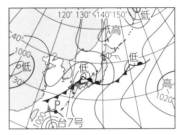
台7号

(1) 夏に太平洋上で発達し，日本の天気に影響をおよぼす気団名を書きなさい。

[　　　　　　　]

(2) 次の文章の[　]から，正しいものを選び，記号で答えなさい。

　台風は，熱帯地方で発生した低気圧(熱帯低気圧)が発達したものである。P地点では，現在，北東の風が吹いているが，図の台風7号が矢印の方向に進み続けると，P地点の風向は今後しだいに[ア　北よりの風から西よりの風　　イ　東よりの風から南よりの風]に変化すると考えられる。

[　　　　　]〔熊本－改〕

4 [自然の災害と恩恵] 次の問いに答えなさい。

(1) 6月～10月末に日本に接近・上陸して，多大な被害をおよぼす反面，大量の水を降雨によってもたらし，日本の大切な水資源にもなっているものは何ですか。

[　　　　　　　]

(2) 低気圧によって海面が吸い上げられ，海水面が異常に高くなる現象を何といいますか。

[　　　　　　　]

(3) (1)などによって得られる水資源にはどのようなものがあるか。1つ答えなさい。　　[　　　　　　　]

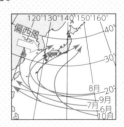

気団
　広い範囲にわたり，気温や湿度がだいたい同じ空気のかたまりで，大陸や海洋の上で発生する高気圧である。大陸で発生するものは乾燥しており，海洋で発生するものは湿潤な気団となる。
①大陸性気団…シベリア気団
②海洋性気団…オホーツク海気団，小笠原気団，赤道気団

冬の天気
　大陸には高気圧，三陸沖には低気圧があり，南北方向の等圧線がせまい間隔で並ぶ。等圧線の間隔がせまいほど風は強い。→西高東低型の気圧配置

台風の進路
　図に示したようになる。

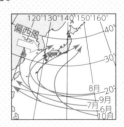

103

1 [天気の変化] 右の図のア〜エは，日本付近での低気圧の移動を示した天気図で，それを任意に並べたものである。次の問いに答えなさい。

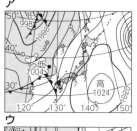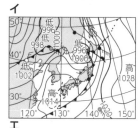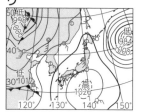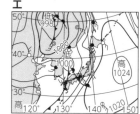

(1) 右の図のア〜エを，低気圧の移動の正しい順序に並べかえたものを，記号で答えなさい。

(2) 右の図のア〜エの中で，熊本付近の気圧が最も高いものはどれか。ア〜エから1つ選び，記号で答えなさい。　〔熊　本〕

1 (6点×2−12点)

(1)		
	→ 　　→ 　　→	
(2)		

2 [天気の特徴] 右の図について，次の文章の[　]の中にあてはまる語句を書き入れなさい。

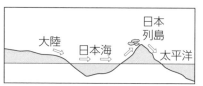

(1) この空気の流れは[　　　　　]の季節の特徴を示している。

(2) シベリア大陸の空気は冷たく[①　　　]しているが，日本海をわたる途中，温度が[②　　　]がり，湿度が[③　　　]くなる。

(3) この空気が日本の中央を縦走する山脈に突きあたり上昇すると，[①　　　]が下がって[②　　　]を生じ，多くの[③　　　]を降らせる。

2 (4点×7−28点)

(1)	
(2)	①
	②
	③
(3)	①
	②
	③

3 [日本の天気] 日本は大陸と海洋との間に存在する国である。これについて，次の問いに答えなさい。

(1) 夏に日本付近に発達するのは何気団か，名称を答えなさい。

(2) 夏に高気圧が発生しやすいのは，大陸側，海洋側のどちらですか。

(3) この高気圧によって日本付近に吹く風を，夏の何というか，名称を答えなさい。

(4) 夏の日本の天気は，この風の影響を受けている。この風の特徴は何か。次のア〜エから適当なものを選び，記号で答えなさい。
ア 温暖・湿潤　　イ 温暖・乾燥
ウ 寒冷・湿潤　　エ 寒冷・乾燥

(5) 夏の日本海側の地域で，異常高温になるときがある。その主な原因は何か。次のア〜オから適当なものを選び，記号で答えなさい。

ア 厚い雲におおわれて，地表面からの熱の放射が妨げられるから。

イ 偏西風(へんせいふう)によってあたたかい空気が流れてくるから。

ウ 日本海側の日射が強くなるから。

エ 日本の中心に山脈があるから。

オ 対馬(つしま)海流が暖流だから。

(6) 夏の気圧配置を一般(いっぱん)に何というか。漢字4字で答えなさい。

〔四天王寺高－改〕

3 (5点×6－30点)

(1)
(2)
(3)
(4)
(5)
(6)

4 [台風] 台風とその進路について，次の問いに答えなさい。

(1) 台風について正しい説明を次のア〜エから選び，記号で答えなさい。

ア 最大風速が17.2 m/s以下である。

イ 前線をともなわない。

ウ 激しい上昇(じょうしょう)気流を生じ，鉛直(えんちょく)方向に発達した乱層雲が分布している。

エ 気圧が下がるため海面が上昇し，津波(つなみ)が発生することがある。

重要(2) 図は，ある台風の進路を表したものである。この台風は，9月25日に北東へ進路を変え，速さを増した。この原因の1つである，中緯度帯(ちゅういどたい)の上空を1年中吹(ふ)く西よりの風を何というか，書きなさい。

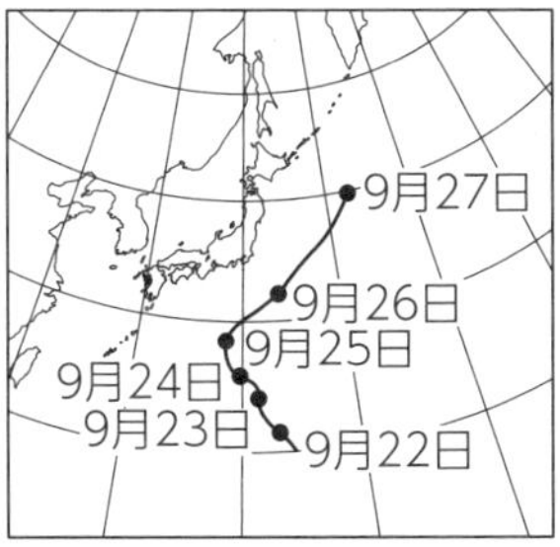

9月27日
9月26日
9月25日
9月24日
9月23日
9月22日

● はそれぞれの日の午前9時に台風の中心があった位置を表す。

(3) 次の文章は，台風の進路と気団の関係を説明したものである。[ ]の中のa〜dの語句について正しい組み合わせを，下のア〜エから選び，記号で答えなさい。

秋には[a シベリア気団 b 小笠原(おがさわら)気団]が夏に比べて[c 発達する d おとろえる]ので，台風は，日本に近づくことが多くなる。

ア aとc イ aとd
ウ bとc エ bとd

〔山口－改〕

4 (10点×3－30点)

(1)
(2)
(3)

ワンポイント
(2) 台風が日本付近で東に進路変更(へんこう)をするために，日本は毎年，集中豪雨(ごうう)などの災害に見舞(みま)われる。

Step ③ 実力問題②

	時間 30分	合格点 70点	得点 点

【 月 日】

解答▶別冊21ページ

1 右の図はある日の午前3時の天気図の一部である。また，その下の表は，A，B，C各地点の同じ日の午前9時における気象観測の結果を表したものである。図と表をもとにして，次の問いに答えなさい。(8点)

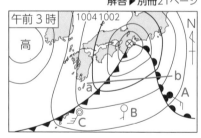

(1) 右の表の①，②，③は，それぞれA・B・Cの各地点のどれにあたるか。正しいものを**ア〜オ**から選び，記号で答えなさい。(4点)

ア ①−A ②−B ③−C
イ ①−C ②−A ③−B
ウ ①−C ②−B ③−A
エ ①−B ②−C ③−A
オ ①−B ②−A ③−C

午前9時

	風向・風力	気温〔℃〕	天気
①	南南西 4	18.0	●
②	南 西 2	21.2	○
③	北 西 3	17.5	◑

(2) 天気図の中のa−b線の垂直断面を南のほうから見た場合の説明図は，次の**ア〜オ**のどれか，記号で答えなさい。(4点)

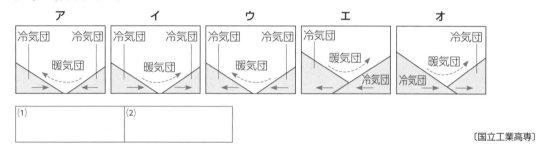

(1)	(2)

〔国立工業高専〕

2 右の図は，ある地点における気象観測の記録である。これについて，次の問いに答えなさい。(34点)

(1) グラフのa〜cは，それぞれ気温，気圧，湿度の何を示していますか。(10点(完答))

(2) このとき，通過した前線の名称を答えなさい。(6点)

(3) 前線が通過した直後の天気を，風向の変化とともに答えなさい。(各6点)

(4) この前線付近に発達する雲の名称を答えなさい。(6点)

(1)	a	b	c	(2)
(3)	天気	風向の変化	(4)	

〔大阪教育大附高(平野)−改〕

3 次の a ～ d の天気図は，四季の代表的な天気図を表したものである。図を見てあとの問いに答えなさい。(28点)

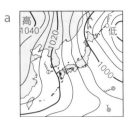 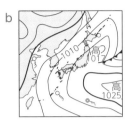 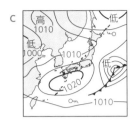 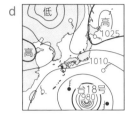

(1) a ～ d の天気図の季節はいつですか。(各4点)

記述式 (2) 夏と冬に，日本に影響をあたえる気団の名称をそれぞれ答えなさい。また，その気団の性質も答えなさい。(各6点(完答))

〔清風南海高－改〕

4 天気に関する次の問いに答えなさい。(30点)

(1) 図1は，気象衛星からうつした，日本付近の雲の写真である。どの季節に典型的に見られる写真か，季節を答えなさい。(4点)

図1

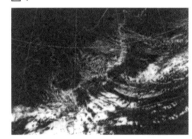

(2) 図1で，日本の天気に最も深くかかわっている気団の名称を答えなさい。(5点)

(3) 図1で，本州の日本海側に発達している雲の名称を答えなさい。(5点)

(4) 図2は，梅雨の時期の天気図である。図中のA，Bは，それぞれ高気圧，低気圧のどちらですか。(5点(完答))

図2

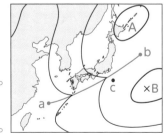

(5) 図2のa－b間の前線は，梅雨の長雨をもたらす原因となる前線を表している。a－b間の前線の記号を図2中に描きなさい。(5点)

記述式 (6) 図2のc地点の天気と気温・湿度のようすを簡潔に書きなさい。(6点)

〔開成高－改〕

総仕上げテスト①

時間	合格点	得点
40分	70点	点

解答▶別冊21ページ

❶ 右の図のような回路A〜Cを用いて，それぞれの全体の抵抗を調べる実験を行った。実験では，電圧計が 3.0 V を示すようにして，回路を流れる電流を測定した。右下の表は，実験結果を示したものである。次の問いに答えなさい。(32点)

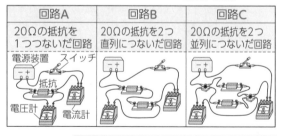

(1) 電気用図記号を使って回路Aの回路図を描きなさい。(8点)

(2) 下の文章は，この実験について，生徒がまとめたものの一部である。文中の①，②に，適切な語句または数値を入れなさい。(各8点)

回路	A	B	C
電流の強さ	150 mA	75 mA	300 mA

　　実験結果から，回路Bの全体の抵抗の大きさは，20 Ωの抵抗の ① になる。また，回路Cの全体の抵抗の大きさは，20 Ωの抵抗の ② になる。

(3) 回路Cの実験で，ある生徒の実験結果は 450 mA だった。これは2つの抵抗のうちの1つを，別の抵抗とまちがえてつないだからである。まちがえてつないだ抵抗は何Ωですか。(8点)

(1)		(2)	①		②	
			(3)			

〔福岡－改〕

❷ 図1は，ヒトの血液が循環する経路を示した模式図で，矢印は血管中の血液の流れる方向を，A，B，Cは，異なる器官を示している。この中で，A，Cはそれぞれ，ある物質を体内にとり入れるための器官である。次の問いに答えなさい。(18点)

図1

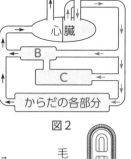

(1) 図1のAから心臓に流れる血液は，酸素を最も多く含んでいる。酸素はヘモグロビンと結びついて運ばれるが，ヘモグロビンを含む血液の成分はどれか。次のア〜エから選びなさい。(6点)

ア 血しょう　　イ 白血球　　ウ 赤血球　　エ 血小板

図2

毛細血管

X

(2) 図2は，図1のCのひだの表面に見られる柔毛のつくりの模式図である。

①図2の毛細血管とXを通って，それぞれ異なる物質が運ばれている。Xの名称を答えなさい。(6点)

②図2のXで運ばれる物質は，ある消化酵素により消化されたものである。Bでつくられ，この消化酵素のはたらきを助ける性質をもつ液体の名称を答えなさい。(6点)

(1)		①		②	
	(2)				

〔山梨－改〕

❸ 右の図は，ある日の日本付近の天気図である。次の問いに答えなさい。(28点)

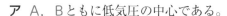

(1) 図のAとBは気圧の中心を表している。AとBについて述べた文として適切なものを，次の**ア〜エ**から選び，記号で答えなさい。(6点)

ア A，Bともに低気圧の中心である。

イ A，Bともに高気圧の中心である。

ウ Aは低気圧，Bは高気圧の中心である。

エ Aは高気圧，Bは低気圧の中心である。

気温〔℃〕	19	20	21	22	23	24	25	26	27	28
飽和水蒸気量〔g/m³〕	16.3	17.3	18.3	19.4	20.6	21.8	23.1	24.4	25.8	27.2

(2) 図の前線の名称を書きなさい。(4点)

(3) この日のC地点の気象について，次の①〜③に答えなさい。(各6点)

①気圧を，単位をつけて整数で書きなさい。

②天気は晴れ，風向は南西，風力は1であった。これを，図の破線を利用し，天気図に用いる記号で書きなさい。

③上の表は，気温と飽和水蒸気量の関係を示したものである。9時の気温が26℃，湿度が70%であった。18時に湿度が88%になったとすると，このときの気温は何℃か，表から適切な値を選びなさい。ただし，水蒸気量は変化しないものとする。

(1)	(2)	(3)	①	②（右上図に記入）	③

〔青森-改〕

❹ 乾いた試験管Xに粉末の炭酸水素ナトリウムの粉末を入れ，弱火で加熱すると，試験管Xの内側には液体がつき，炭酸ナトリウムが残った。また，発生した気体Aを2本の試験管に集めることができた。次の問いに答えなさい。(22点)

(1) 試験管Xの内側についた液体が，水であることを確かめる際に用いるものは何ですか。また，用いるものの色の変化はどのようになりますか。(10点(完答))

(2) 気体Aを2本の試験管に集め，一方の試験管に石灰水を加えたところ，石灰水は白く濁った。もう一方の試験管に，緑色のBTB液を加えてよく振ると，BTB液は何色に変化しますか。(6点)

(3) この実験で，炭酸水素ナトリウムを加熱してすべて変化させたところ，水0.18g，炭酸ナトリウム1.06g，気体A 0.44gができた。2.52gの炭酸水素ナトリウムを加熱してすべて変化させたときにできる炭酸ナトリウムの質量は何gになりますか。(6点)

(1) 用いるもの		色から	色に変化する。
(2)	(3)		

〔秋田-改〕

109

総仕上げテスト❷

【 　月　　日】

時間 60分　合格点 70点　得点 　　点

解答▶別冊22ページ

❶ 次の各問いに答えなさい。(30点)

(1) 右の図1のように2Ωの抵抗Aと抵抗値のわからない抵抗B, Cを用いて
回路をつくった。電源の電圧を16Vにすると, 抵抗Aには3A, 抵抗Bに
は2Aの電流が図1に示した矢印の向きに流れた。

①図1の抵抗Aに加わる電圧は何Vですか。(6点)

②図1の抵抗Cの電気抵抗は何Ωですか。(6点)

図1

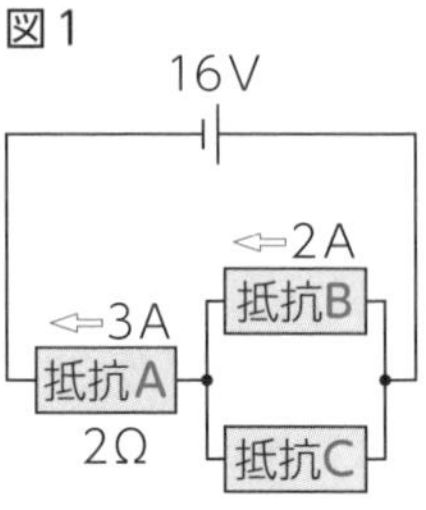

16V

⇐2A
抵抗B

⇐3A
抵抗A
2Ω

抵抗C

(2) 図2は, モーターに電源装置とスイッチをつないだ回路で, モーター
の回転する原理を模式的に表したものである。

①スイッチを入れて電流を流したとき, コイルがつくる磁界の向き
を, 図2の**ア〜カ**から1つ選びなさい。(6点)

②電流を流したとき, コイルはAの矢印の向きに回転した。回転を
逆向きにするにはどうすればよいか。次の**ア〜エ**から2つ選びな
さい。(6点)

ア 電流を大きくする。　　　　**イ** 電流の向きを逆にする。

ウ 磁石の磁界を逆にする。　　**エ** 磁界を強くする。

図2

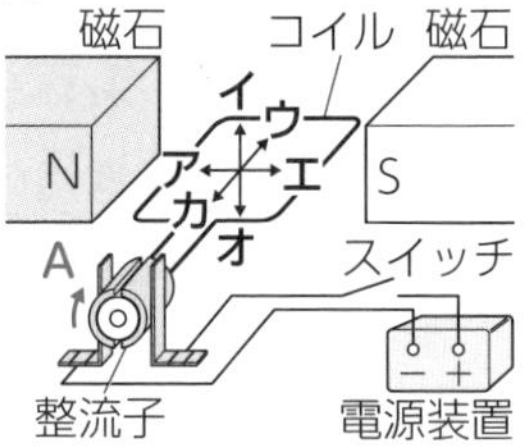

磁石　コイル　磁石

N　　　　　　S

イ ウ
ア エ
カ オ

A

整流子　　スイッチ　電源装置

(3) 図3のように, 1辺3.0cmの立方体と底面が1辺6.0cmの
正方形で高さが3.0cmの直方体を床に置いてある。立方体が
床に加えている圧力が810Paのとき, 直方体が床に加えてい
る圧力は何Paか, 整数で求めなさい。ただし, 100gの物体
にはたらく重力の大きさを1Nとし, 2つの物体の密度は等しいものとする。(6点)

図3　立方体　　　直方体

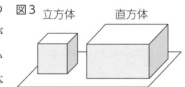

(1)	①	②	(2)	①	②	(3)

〔兵庫－改〕

❷ 炭酸水素ナトリウム($NaHCO_3$)について, 次の実験1, 2を行った。これらの実験に関して,
あとの問いに答えなさい。ただし, 発生した二酸化炭素は溶液中に残らず, すべて空気中に逃
げるものとし, 数値は小数第3位を四捨五入して小数第2位まで求めなさい。(28点)

実験1 ビーカーA〜Eに同じ濃度の塩酸をそれぞれ50.00gずつとり, それぞれに下の表の量
の炭酸水素ナトリウムを加えた。二酸化炭素が発生しなくなり, 反応が完了したことが確認
できてから, ビーカーの内容物の質量を測定すると, 表のような結果が得られた。

(1) ビーカーAでは,二酸化炭素は何g
発生しましたか。(4点)

	A	B	C	D	E
炭酸水素ナトリウムの質量〔g〕	2.00	4.00	6.00	8.00	10.00
反応後の質量〔g〕	50.95	51.90	52.85	53.80	55.60

(2) 実験1で用いた塩酸50.00gは,最大何gの炭酸水素ナトリウムと反応することができますか。

(4点)

(3) ビーカーAの反応後の溶液を加熱して水分を完全に蒸発させたところ,白色の固体の物質が得られた。この白色の固体の物質は何か,化学式で答えなさい。(4点)

(4) 実験1で起こる化学変化を,化学反応式で表しなさい。(4点)

実験2 炭酸水素ナトリウムを試験管にとって加熱したところ,二酸化炭素が発生した。

(5) 実験2で起こるような化学変化は,一般に何とよばれていますか。(4点)

(6) 実験2で起こる化学変化を,化学反応式で表しなさい。(4点)

(7) 炭酸水素ナトリウム20.00gを加熱すると,二酸化炭素は何g発生するか。**実験1**と**実験2**の反応式を比較して求めなさい。(4点)

(1)	(2)	(3)	(4)
(5)	(6)		(7)

❸ ある年の4月26日午前9時に九州の西方にあった,前線をともなう低気圧の中心は,4月27日午前9時には日本海まで移動した。図1と図2は,4月26日午前9時と4月27日午前9時の天気図である。次の問いに答えなさい。(17点)

図1 4月26日 午前9時

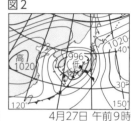
図2 4月27日 午前9時

(1) 天気図で,気圧が等しいところをなめらかな曲線で結んだものを何というか。その名称を書きなさい。また,**図1**のA,B,Cの3地点を気圧の高い順に,記号で並べなさい。(9点(完答))

(2) 4月26日の昼にD地点で,うす雲によって太陽のまわりに光の輪ができた。この現象は雨の前兆とされ,「太陽がかさをかぶると雨」と昔からいわれている。この現象が起きた状況を正しく説明していると考えられるものを,次の**ア～エ**から1つ選びなさい。(4点)
　ア 温暖前線の接近にともなって,D地点の上空に巻層雲が広がった。
　イ 温暖前線の接近にともなって,D地点の上空に乱層雲が広がった。
　ウ 寒冷前線の接近にともなって,D地点の上空に積乱雲が広がった。
　エ 寒冷前線の接近にともなって,D地点の上空に巻積雲が広がった。

(3) 右の**ア～エ**は,4つの異なる地点での風向,風力,天気の変化を,4月27日午前9時から3時間おきに示したものである。このうち,D地点の観測結果と考えられるものを1つ選びなさい。(4点)

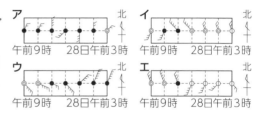

(1)	名称	→ →	(2)	(3)

〔奈良－改〕

❹ 物体がふれ合う面積と圧力との関係を調べるため，次の実験を行った。あとの問いに答えなさい。ただし，このスポンジのへこむ深さは，圧力の大きさに比例するとする。(9点)

実験　ふたのついた直方体の容器に砂を入れ，全体の重さを 6.0 N とした。図1から図2のようにして，容器をスポンジにのせたときのスポンジのへこむ深さを調べた。

図1 図2 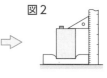 図3

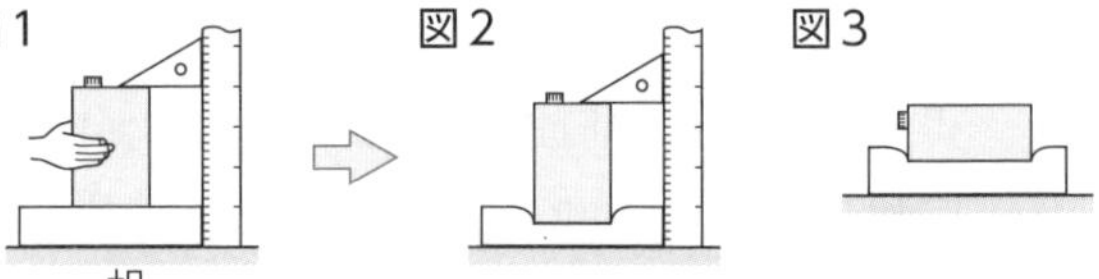

机

このとき，容器がスポンジとふれあう面積は 50 cm^2 であった。次に，図3のように，容器の向きを変えてスポンジとふれ合う面積を 150 cm^2 にし，スポンジのへこむ深さを調べた。

(1) 図2において，スポンジが容器から受ける圧力は何 N/m^2 か，求めなさい。(3点)

(2) 図3において，図2と同じ深さだけスポンジをへこませるには，容器全体の重さを何 N にすればよいか，求めなさい。(3点)

(3) 机にはたらく大気圧の大きさは，容器(6.0 N)を図3の置き方で，机上に何個積み重ねたときの圧力の大きさと等しくなるか。大気圧を 1012 hPa として求めなさい。(3点)

(1)	(2)	(3)

〔長野－改〕

❺ わたしたちは，感覚器官で刺激を受けとり，それに応じたさまざまな反応をする。次のA～Eはその例である。このことについて，次の問いに答えなさい。(16点)

A　人ごみの中で後ろから名前をよばれたので，ふり向いた。

B　プールの水の中に手を入れ，冷たさを確認したあと，水の中から手を出した。

C　熱いやかんに手が触れたとき，熱いと感じる前に手を引っこめた。

D　暗い部屋から明るい部屋へ移動すると，ひとみが小さくなった。

E　花だんにさいている花がとてもよい香りだったので，思わず顔を近づけた。

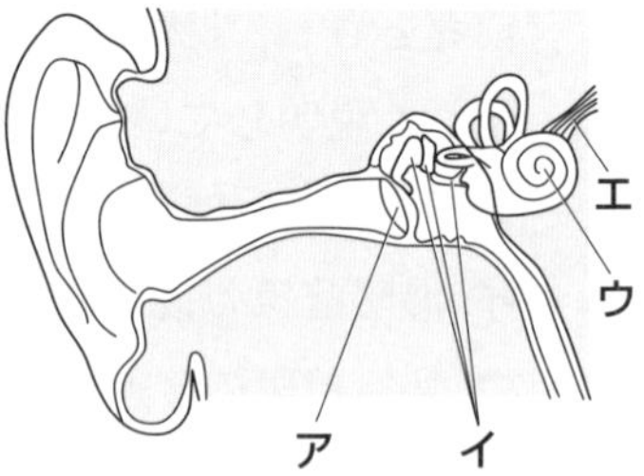

(1) Aでは，音の刺激を耳にある感覚細胞が受けとっている。その感覚細胞がある部分は，右の図のア～エのどれか。1つ選び，記号で答えなさい。(4点)

(2) A～Eの下線部の反応のうち，反射の例となるものをすべて選び，記号で答えなさい。(4点)

(3) B，Cの下線部は，神経を通る信号が，温度の刺激を受けとる部分から運動を起こす部分まで伝わることで起きた反応である。B，Cのそれぞれについて，次のア～オのうちからその経路になった部分をすべて選び，信号が伝わった順に並べなさい。なお，例のように必要があれば同じ記号を何度も用いてもよい。(各4点)

（例）ア→イ→ア，…

ア 骨格　イ 脊髄　ウ 皮膚　エ 脳　オ 筋肉

〔山梨－改〕

(1)	(2)	(3) B	C

標準問題集
中2 理科
解 答 編

第1章 電流とそのはたらき

1 回路と電流・電圧・抵抗

Step 1 解答　　　　　p.2～p.3

1 ❶ 電池(電源)　❷ (豆)電球　❸ (直流用)電流計
❹ 電気抵抗　❺ (直流用)電圧計　❻ スイッチ
❼ I_2　❽ I_3　❾ I_2　❿ I_3　⓫ V_1　⓬ V_2
⓭ V_1　⓮ V_2

2 (1)① 1.50 A　② エ　③ 3 Ω　(2) 9 V

解説

1 直列回路では，流れる電流の大きさはどこも等しく，並列回路では，各抵抗を流れる電流の大きさの和が回路全体を流れる電流の大きさになる。
　　直列回路では，各抵抗にかかる電圧の和が電源の電圧の大きさになり，並列回路では，各抵抗にかかる電圧の大きさは電源の電圧の大きさに等しい。

2 (1)① 目盛りを読むときは，つないだ−端子に合った数値を，目盛り板の正面から読みとる。
　② 名まえのとおり電気抵抗は電気を抵抗して流れにくくしている。さらに，電圧＝電気抵抗×電流というオームの法則が成り立つため，電圧が同じ大きさのとき，流れる電流の小さいほうが電気抵抗が大きくなる。
　(2) 電熱線 X，Y の電気抵抗は，それぞれグラフから 3 Ω，6 Ω とわかる。回路全体の電気抵抗は，直列つなぎのときはそれぞれの電気抵抗の大きさを足せばよいため，$R=3+6=9$ Ω となる。回路全体の電圧は，1 A の電流が流れていることから $1×9=9$〔V〕

Step 2 解答　　　　　p.4～p.5

1 ① 3 Ω　② 9 V　③ 0.25 A
④ 30 Ω　⑤ 4 V　⑥ 0.1 A
⑦ 10 Ω　⑧ 12 V　⑨ 0.8 A

2 ウ

3 (1) エ　(2) 0.5 倍
(3) 右図

解説

1 オームの法則　電圧 V＝電流 I×抵抗 R
$$電流\ I=\frac{電圧\ V}{抵抗\ R},\quad 抵抗\ R=\frac{電圧\ V}{電流\ I}$$
の式にあてはめる。
④ 直列回路なので，抵抗 R にも 0.1 A の電流が流れる。抵抗 R にかかる電圧の大きさは 3 V である。
⑤ 15 Ω の抵抗にかかる電圧は，$0.4\ A×15\ Ω=6\ V$
⑥ 30 Ω の抵抗に流れる電流は，$3\ V÷30\ Ω=0.1\ A$
⑦ 抵抗 R にかかる電圧は 4 V，流れる電流は 0.4 A
⑧ 30 Ω の抵抗にかかる電圧は，$(0.6-0.2)A×30\ Ω=12\ V$
⑨ 20 Ω の抵抗を流れる電流は，$8\ V÷20\ Ω=0.4\ A$

🚨 ここに注意

　抵抗が直列つなぎのとき，流れる電流の大きさはどこも等しく，各抵抗にかかる電圧の大きさは抵抗の大きさに比例する。
　抵抗が並列つなぎのとき，各抵抗にかかる電圧の大きさはどこも等しく，各抵抗に流れる電流の大きさは抵抗の大きさに反比例する。

2 電源装置の＋極は電圧計の＋端子に接続し，電圧計の−端子は最も大きな値の300 Vの端子に接続する。

3 (2) 図 2 のグラフより，a の抵抗は，$8\ V÷0.4\ A=20\ Ω$
　b の抵抗は，$4\ V÷0.4\ A=10\ Ω$
　よって，$10÷20=0.5$〔倍〕
(3) 抵抗が直列つなぎになっているので，全抵抗は a の抵抗の2倍になっている。$12\ V÷40\ Ω=0.3\ A$ より，(12 V, 0.3 A)の点と原点を通る直線になる。

2 電流の利用

Step 1 解答　　　　　p.6～p.7

1 ❶ 時間　❷ 電流　❸ 電圧　❹ 抵抗の大きさ
❺ 抵抗の大きさ

2 (1) 4 Ω
(2) $I_Z=I_X-I_Y$
(3) 右図

③ (1)（水槽1の抵抗：水槽2の抵抗＝）2：1

(2) **2.25 W**

解説

❶ 発熱量は，時間，電流，電圧に比例する。(ジュールの法則)

直列回路では，電力は抵抗の大きさに比例し，並列回路では，電力は抵抗の大きさに反比例する。

❷ (1) 6 V÷1.5 A＝4 Ω

(2) Xを流れる電流が，YとZに枝分かれして流れる。

(3) 図2のグラフより，9 Wの電力で5分間に3℃上昇しているから，6 Wの電力では5分間に2℃上昇する。

その後の5分間は，図2と同じように5℃上昇する。

❸ (1) 発熱量は電力の大きさに比例し，電力は抵抗の大きさに反比例する。上昇温度の比が1：2なので，抵抗の大きさの比は2：1になる。

(2) 水槽3と水槽4の抵抗は直列つなぎになっており，水槽3と水槽4にかかる電圧は3.0 V，抵抗の大きさの比は，(1)より2：1なので，水槽3にかかる電圧は2.0 Vになる。水槽1の抵抗の大きさは，水槽3の抵抗の大きさと同じだから，抵抗＝$\frac{2.0}{0.50}$＝4 Ω

水槽1を流れる電流の大きさは，3÷4＝0.75〔A〕

電力は，3.0 V×0.75 A＝2.25 W

Step 2 ①　解答　　　　　　p.8～p.9

❶ (1) エ　(2) ① 小さい　② 小さい

(3) 120 Ω

❷ (1) 5 Ω

(2) 関係－イ　V_1－12 V

(3) ア

❸ (1) 250 Ω　(2) 0.3 A

(3) A → B → D → C　(4) 30 W

解説

❶ (1) 電流計は抵抗Aに直列に，電圧計は抵抗Aに並列につなぐことで，抵抗Aに流れる電流と電圧が求められる。

❷ (1) 4 V÷0.8 A＝5 Ω

(2) 直列つなぎの抵抗になっているので，$V_1＝V_2+V_3$

全体の抵抗は，5＋10＝15〔Ω〕だから，

V_1＝0.8 A×15 Ω＝12 V

---

(3) スイッチ S_1 を切り，S_2 を入れると，電流は電熱線Aだけに流れ，電流の大きさは，12 V÷5 Ω＝2.4 A

同じ電圧で同じ時間電流を流したとき，発熱量は電流が大きいほど大きくなる。したがって，水の温度上昇は，電流を流しはじめてからのはじめの6分間よりも大きくなる。

❸ (1) 100 V－40 W用の電球には，100 Vの電圧をかけると0.4 Aの電流が流れる。

抵抗は，100 V÷0.4 A＝250 Ω

(2) 電球Cの抵抗は100 Ω，Dは250 Ω。直列に接続しているので全体の抵抗は，

100＋250＝350〔Ω〕

よって，流れている電流の大きさは，

100 V÷350 Ω＝0.28…→ 0.3〔A〕

(3) 電力が大きいほど，電球は明るい。

(4) 100 V×0.3 A＝30 W

Step 2 ②　解答　　　　　　p.10～p.11

❶ (1) 31.2 ℃　(2) 3000 J　(3) 1500 J

(4) ウ→ア→エ→イ

❷ (1) 右図

(2) ①(例)電流を流した時間が長いほど水の上昇温度は大きい。

②(例)電熱線の消費電力が大きいほど一定時間における水の上昇温度は大きい。

(3) 2400 J

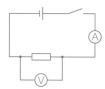

解説

❶ (1) 水温の上昇する割合は時間に比例しており，60秒間で22.8－21.4＝1.4〔℃〕となるため，420秒間で上昇する温度は$1.4×\frac{420}{60}$＝9.8〔℃〕

よって，水温は21.4＋9.8＝31.2〔℃〕

(2) 発熱量＝電力×時間，電力＝電流×電圧で求められる。

電流＝$\frac{10}{10}$＝1〔A〕，電力＝1×10＝10〔W〕

よって，発熱量＝10×300＝3000〔J〕

(3) (2)と同じように電流＝$\frac{10}{20}$＝0.5〔A〕，電力＝0.5×10＝5〔W〕　よって，発熱量5×300＝1500〔J〕

(4) 電力が大きいほど水温が高くなる。そのため，それぞれの電力を求めればよい。

$$\text{ア } 20\times\frac{20}{20}=20\,[\text{W}], \quad \text{イ } 5\times\frac{5}{20}=1.25\,[\text{W}],$$

$$\text{ウ } 20\times\frac{20}{5}=80\,[\text{W}],$$

$$\text{エ } 5\times\frac{5}{5}=5\,[\text{W}]$$

2 (2) 水の上昇温度は電流を流す時間に比例し，消費電力が大きいほど水の上昇温度は大きくなる。

(3) 熱量＝電力×時間より，$8\times300=2400\,[\text{J}]$

3 静電気と電流

Step 1 解答   p.12〜p.13

1 ❶ 引きあう ❷ 反発する
❸ −の電気
❹ ＋の電気
❺ − ❻ ＋ ❼ − ❽ ＋ ❾ −
❿ ＋ ⓫ ＋ ⓬ − ⓭ − ⓮ ＋
⓯ 陰極線(電子線) ⓰ − ⓱ 電子

2 (1) ア (2) イ
(3) ティッシュペーパー−＋の電気
　ストローB−−の電気

3 ① −(マイナス，負) ② 電子

解説

1 異なる物質を摩擦したときに生じる電気を静電気という。静電気は＋の電気と−の電気の2種類の電気をもち，同じ種類の電気は反発しあい，違う種類の電気は引きあう。
　陰極線は，−の電気を帯びた電子とよばれる粒子の流れで，−極から出て，＋極にもどる。

2 ストローAとストローBは同じ種類の電気を帯び，ティッシュペーパーはストローとは違う種類の電気を帯びている。

3 電流の正体は，電子とよばれる−の電気を帯びた非常に小さな粒子の流れである。

Step 2 解答   p.14〜p.15

1 (1) ストローA (2) 静電気 (3) Q
(4) ① 同じ ② 反発しあう (5) はくは閉じる。

2 ① ② ウ，ケ(順不同) ③ キ ④ ケ ⑤ ウ
(③イ ④ウ ⑤ケの組み合わせでも可)
⑥ ウ ⑦ イ ⑧ キ ⑨ オ ⑩ キ ⑪ ウ
⑫ キ ⑬ キ ⑭ ク ⑮ エ

3 (1) −極 (2) 陰極線(電子線) (3) ウ (4) 電子
(5) エ (6) A

解説

1 はく検電器は静電気を調べる器具で，同じ種類の静電気を帯びた金属はくどうしが反発しあうことを利用する。
　指で金属板に触れると，金属はくにたまった静電気が指に流れるので，はくは閉じる。

2 金属の中では＋の電気を帯びた原子が規則正しく並んでおり，自由電子がその間を動き回っている。抵抗は電子が原子に衝突し，運動が妨げられるために発生する。

3 真空放電で見られる陰極線(電子線)は，−の電気を帯びた電子という粒子の流れが正体である。−の電気を帯びているために，＋極へ向かって移動する。電子は，質量をもっている。

Step 3 ① 解答   p.16〜p.17

1 ① イ ② ア ③ カ

2 (1) 真空ポンプを使って放電管内の空気を抜く。
(2) 端子P，Q間に電圧を加える。

3 (1) 10 Ω
(2) 400 mA
(3) 右図
(4) b，d，c，a

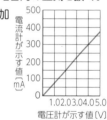

解説

2 (1) 放電管内の空気を抜いていくと真空放電が起こる。
(2) 蛍光の道筋の正体は−の電気を帯びた電子である。そのため，磁石以外に，PQ間に電圧を加えると＋極のほうに道筋が曲がる。

3 (1) $5.0\,\text{V}\div0.5\,\text{A}=10\,Ω$
(2) グラフより，電圧と電流の関係は比例している。
よって，$4.0:200=8.0:x \quad x=400\,[\text{mA}]$
(3) 図2のグラフより，電熱線P，Qに4.0Vの電圧をかけると，電熱線Pには100mA，電熱線Qには200mAの電流が流れることから，4.0Vの電圧をかけると，$100+200=300\,[\text{mA}]$の電流が流れる。
よって，原点と(4.0V，300mA)の2点を通る直線を描けばよい。
(4) aの合成抵抗は，
$20+10=30\,[Ω]$

bの合成抵抗は，

$\dfrac{1}{20}+\dfrac{1}{10}=\dfrac{3}{20}$ より $\dfrac{20}{3}=6.66\cdots\rightarrow 6.7〔Ω〕$

dの合成抵抗は，

$\dfrac{1}{40}+\dfrac{1}{10}=\dfrac{5}{40}=\dfrac{1}{8}$ より $8〔Ω〕$

抵抗の値が小さいものほど電流計が示す値は大きいので，b，d，c，a の順になる。

4 電流による磁界

1 ❶電流 ❷右ねじ ❸磁界
2 (1)①磁界 ②弱 ③N ④磁力線
　　(2)①同心円 ②右ねじ ③電流
3 (1)ウ
　　(2)力の向き−同じ
　　　力の大きさ−大きくなる　(3)イ

解説

1 電流の向きに右ねじの進む向きを合わせると，右ねじを回す向きと磁界の向きが同じになる。
2 N極が指す方向が，その場所の磁界の向きである。
3 (1)BからAに電流が流れている。右ねじの法則を使って考える。
　　(2)電熱線の長さを短くすると抵抗が小さくなり，流れる電流は大きくなる。
　　(3)電磁石の電流の向きから，電磁石の上がN極になり，図2と同じ向きに力を受ける。

🔔 **ここに注意**

コイルのつくる磁界の向きを調べるには，右手の親指以外の4本の指を電流の流れる向きに合わせる。そのとき，開いた親指の向きがN極になる。

1 (1)エ
　　(2)(例)回路全体の抵抗が小さくなり，コイルに流れる電流が大きくなるから。
2 ア
3 (1)①ア ②イ ③イ ④ア (2)イ (3)ア

解説

1 (1)コイルを流れる電流がつくる磁界の向きは，電流の向きによって決まる。右手の4本の指先を

電流の向きに合わせると，親指の向きがコイルの内側の磁界の向きと同じになる。
2 磁界の向きは磁針のN極が指す向きである。よって，図の方位磁針より磁界の向きがわかる。右ねじが進む向きに電流を流すと，右ねじを回す向きに磁界ができることから，磁界の向きがわかると電流の向きがわかる。
3 (1)U字形磁石の極が反対になると，電流が磁界から受ける力の向きは反対になる。
　　(2)抵抗を大きくすると，回路に流れる電流の大きさは小さくなる。

5 電磁誘導と発電

1 ❶N ❷S ❸S
　　❹N ❺← ❻S ❼N
　　❽← ❾N ❿S ⓫→
2 (1)ア (2)エ (3)イ

解説

1 コイルの上端にN極を近づけると上端にはN極が，N極を遠ざけると上端にはS極が生じる。

逆に，コイルの上端にS極を近づけると上端にはS極が，S極を遠ざけると上端にはN極が生じる。
2 (1)スイッチを入れ電流を流すと，コイル C_1 の右端にS極が生じる。C_2 はスイッチを入れた瞬間に誘導電流が流れるが，その後は磁界を生じない。
　　(2)コイル C_1 の右側にS極が生じ，コイル C_2 の左側にもS極が生じる。
　　(3)スイッチを入れたとき，コイル C_1 の右側にS極が生じ，その瞬間コイル C_2 の左側にS極が生じて，誘導電流が流れ，検流計の針は左に振れる。その後，すべり抵抗器のつまみを動かしているときは，磁界は弱くなるので誘導電流が逆向きに流れ，検流計の針は逆に振れる。

🔔 **ここに注意**

一方のコイルのスイッチを入れた瞬間と切った瞬間にだけ，もう一方のコイルに誘導電流が生じるが，誘導電流の向きは逆になる。

スイッチを入れたままにしておくと，磁界に変化が生じないので，もう一方のコイルには誘導電流は流れない。

Step 2 解答 p.24～p.25

1 (1) 誘導電流

(2) (例)よりはやく近づける。

(3) a－ア　b－イ

(4) ウ，エ

2 イ

3 (1) ウ　(2) イ

解説

1 (1)，(2) 磁界の変化の割合を大きくすると，流れる誘導電流は大きくなる。

(3) コイルBをコイルAに近づけているとき，コイルAの中の磁界が変化するため，検流計の指針は振れた。

コイルBを静止させると，コイルAの中の磁界が変化しないため，検流計の指針はスイッチを入れる前の位置にもどった。

(4) コイルBをコイルAから遠ざけるとき，コイルBの左端にはS極が生じ，コイルAの右端にはN極が生じる。このことから，棒磁石のN極をコイルAに近づけるときと，棒磁石のS極をコイルAから遠ざけるときに検流計の指針が振れる向きは同じになる。

2 棒磁石のS極をコイルに近づけると，コイルの上端にはS極が生じる。このときの誘導電流の向きは，図1とコイルの巻き方が逆になっているので，Pの向きになる。続けて磁石を遠ざけると，コイルの上端にはN極が生じる。このときの誘導電流の向きは，逆のQの向きになる。

3 (1) 棒磁石がBからCの向きに移動しているため，磁界の強さもBからCの向きに変化している。そのため，誘導電流が発生する。

(2) 検流計の針が右に振れていることから，誘導電流はXからYの方向に流れている。右ねじが進む向きに電流を流すと，右ねじを回す向きに磁界ができる。

📢 ここに注意

コイルを流れる電流がしだいに弱くなっているときは，棒磁石をコイルから遠ざけていることと同じになる。

Step 3 ② 解答 p.26～p.27

1 (1) ① ア　② ア

(2) 右図

(3) 0.015 N

(4) (例)磁石のN極とS極の位置を逆にする。

2 (1) ① ア　② ア

(2) エ

3 (1) ア

(2) b

(3) ① イ　② エ

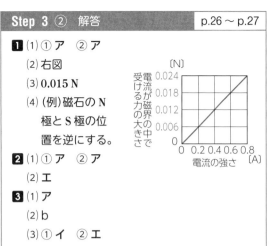

解説

1 (1) 表1より，電流を大きくするにつれて電子てんびんの示す数値が小さくなっていることから，上向きの力がはたらいていると考えられる。

(2) 電子てんびんの示す数値から，電流が磁界の中で受ける力の大きさは，電流が0.2 Aずつ大きくなるにしたがって0.006 N(0.6 g)ずつ大きくなっているので，比例のグラフになる。

(3) 電流の大きさを0.5 Aにしたとき，電流が磁界の中で受ける力の大きさをx Nとすると，

$0.5:x=0.2:0.006$ より，$x=0.015$〔N〕

2 (1) 電池の＋極と－極を逆にしてスイッチを入れると，電流は逆向きに流れるので，電磁石A，BのN極とS極は入れかわる。そのとき，電磁石CのN極とS極も入れかわるので，回転する向きは同じになる。

(2) 図1では，電池とスイッチをはずすと，電流が流れないので，電磁石A，Bには磁界が生じない。

3 (1) 下から上へ流れる電流に右ねじの法則をあてはめる。

(2) 磁界の強いほうから弱いほうへ力がはたらく。エの向きが磁界の弱めあう向きになるから，電流はbの向きに流れる。

(3) 検流計の振れから，誘導電流は，A端子からB端子に向かって流れる。発光ダイオードは足の長い＋端子に＋極をつなぐと発光するので，①では黄色だけがつき，②ではどちらもつかない。

6 物質の分解

Step 1 解答　　　　　　　　　　　p.28〜p.29

1 ❶炭酸水素ナトリウム　❷水
　　❸二酸化炭素　❹濃い赤色になる
2 (1)銀　(2)水上置換法　(3)酸素
3 (1)① ガス　② 空気　(2)ア，エ　(3)水

解説

1 炭酸水素ナトリウムを加熱すると，液体の水，気体の二酸化炭素，固体の炭酸ナトリウムに分解される。
　　炭酸ナトリウムは，炭酸水素ナトリウムとは別の物質で，水によく溶けて，その水溶液は強いアルカリ性を示す。

🚨 ここに注意

固体の物質を加熱するときには，水が発生することがあるので，発生した水が加熱している部分にたまらないように，試験管の口を少し下げて加熱する。水がたまったところを加熱すると，試験管が破損してしまうことがある。

また，加熱をやめるときには，ガラス管から水が逆流しないように，必ずガラス管を水から抜き出したあとに火を消す。

2 (1)粉末の酸化銀を加熱すると，加熱した試験管には銀が残る。
(2)水と置き換えて気体を集める方法なので，水上置換法という。
(3)粉末の酸化銀を加熱すると，酸化銀 ⟶ 銀＋酸素 という反応が起こるため，発生する気体Yは酸素であるとわかる。

3 (1)Bはガス調節ねじで，Aは空気調節ねじである。空気の量が少ないときは，Bのねじを指でおさえながら，Aのねじを反時計まわりに回して空気の量を調節する。
(2)石灰水を白く濁らせた気体は二酸化炭素で，二酸化炭素は空気より重く，水に少し溶けるのでアの下方置換法で集める。
　　あるいは，より純粋な二酸化炭素を得るために，エの水上置換法で集めてもよい。
(3)塩化コバルト紙が青色から桃色に変化したことから，付着した液体は水であるとわかる。

Step 2 解答　　　　　　　　　　　p.30〜p.31

1 (1)水素　(2)1：2　(3)ウ，オ
2 (1) a−空気　b−ガス　(2)銀
　　(3)黒色から白色へ　(4)分解
　　(5) (例)ガラス管の先を水から抜く。(13字)
3 (1)二酸化炭素　(2)青色→赤色(桃色)
　　(3)① ア　② ウ　(4)ウ

解説

1 (1)＋極につないだAには酸素が，−極につないだBには水素が発生する。
(2)発生する気体の体積比は，
　　A：B＝酸素：水素＝1：2の割合になる。
(3)純粋な水は電気をほとんど通さないので，硫酸や水酸化ナトリウムを加える。

🚨 ここに注意

水を電気分解すると，＋極(陽極)からは酸素が，−極(陰極)からは水素が，体積比1：2の割合で発生する。

なお，純粋な水は電気をほとんど通さないので，一般には水酸化ナトリウム水溶液に電気を通して分解する。このように，電気を利用して物質を分解する方法を電気分解という。

2 (2)，(3)酸化銀は黒色で，加熱すると白色の銀に変わる。
(4)1つの物質が2つ以上の物質に分かれる変化を分解という。
(5)ガラス管内の水やビーカーの水が，加熱している試験管内に流れこまないように，ガラス管の先を水から抜いてから，ガスバーナーの火を消す。

3 (1)石灰水を白く濁らせる気体は，二酸化炭素である。
(2)塩化コバルト紙は，水の存在を確かめるための試験紙で，水があると青色の塩化コバルト紙は赤色(桃色)に変化する。
(3)加熱後の試験管Aに残った白い物質は炭酸ナトリウムである。炭酸水素ナトリウムと比較すると，水によく溶け，水溶液は強いアルカリ性になるので，フェノールフタレイン液を加えると，炭酸水素ナトリウムの水溶液より濃い赤色になる。
(4)イは物質の状態変化である。エの砂糖は炭素が含まれている有機物であるため，燃える。アは再結晶の方法の1つである。

7 物質と原子・分子

Step 1 解答 p.32 ～ p.33

1 ① H_2 ② Mg ③ H_2O ④ CuO
 ⑤固体 ⑥液体 ⑦気体

2 (1) A－HCl B－H_2O C－CO_2
 D－Cl_2
 (2)イ

3 (1)酸化マグネシウム (2)Mg (3)O_2
 (4)MgO

解説

1 ①気体の水素は水素分子からなり，水素分子は水素原子2個からできている。Hは水素の原子の記号，右下にある小さい2はすぐ前にある水素原子が2個あることを表している。

②マグネシウムは，分子をつくらず，マグネシウム原子が多数集まってできている。

③水は，水分子からなる。水分子は，水素原子2個と酸素原子1個からできている。Hの右下の2はすぐ前にある水素原子が2個あることを表す。酸素原子は1個なので数字を書かない。

④酸化銅は，分子をつくらず，銅原子と酸素原子が多数集まってできている。さらにその中の銅原子と酸素原子は1：1の数の比で存在している。

⑤固体は粒子間の距離がせまく引きあう力が強い。粒子は動き回ることなく，振動する程度である。

⑥液体は粒子間の距離が少し離れているので動き回ることができるが，粒子間の引きあう力をふり切るほどではない。

⑦気体は粒子間の距離が大きいので，引きあう力をふり切って自由に動き回る。

2 (1) Aは塩化水素（塩酸）の分子，Bは水の分子，Cは二酸化炭素の分子，Dは塩素の分子を示している。

(2) A，B，Cは，いずれも2種類の原子が結びついて分子になっている化合物であり，Dは1種類の原子が2個結びついて分子になっている単体である。

3 (1)マグネシウムは，空気中で明るい光を出して燃えて酸化マグネシウムになる。

(2)マグネシウムは金属で，分子をつくらない物質である。

(3)酸素は分子で存在し，原子2個が結びついた単

体である。

(4)酸化マグネシウムはマグネシウム原子と酸素原子が1：1の数の比で結びついている物質である。分子をつくらないので，それぞれの原子の数が化学式になり，MgOで表す。

🚨 ここに注意

1種類の原子でできている物質を単体という。水素，酸素は原子が集まって分子をつくっているが，単体である。2種類以上の原子でできている物質を化合物といい，酸化銅，酸化マグネシウムのように分子をつくらないもの，水，二酸化炭素のように分子をつくるものがある。

Step 2 解答 p.34 ～ p.35

1 (1)イ (2)1：2 (3)エ
 (4)$2H_2O \longrightarrow 2H_2 + O_2$

2 (1)○●●○ (2)化合物 (3)①水素
 ②○◎ ○◎ ③FeS ④●● ●●

3 (1)Ag
 (2)(例)ガスバーナーの火を消す前に，水からガラス管をとり出す。

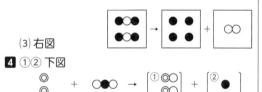

 (3)右図

4 ①② 下図

マグネシウム 二酸化炭素 白い物質 黒い物質

解説

1 (1)純粋な水は電気をほとんど通さないため，うすい水酸化ナトリウム水溶液を電気分解する。うすい硫酸でもよい。

(2)酸素：水素＝1：2の体積比で発生する。

(3)水分子2個が，水素分子2個と，酸素分子1個に分解する。

(4)水分子2個($2H_2O$)，水素分子2個($2H_2$)，酸素分子1個(O_2)を用いて化学反応式を完成させる。

2 (2)2種類以上の物質が結びついて1つの物質になっている化合物である。

(3)①水素を空気中で燃やすと酸素と結びついて水ができる。

②マグネシウムを空気中で燃焼させると，酸化マグネシウムができる。

7

③ 鉄と硫黄の混合物を加熱すると，硫化鉄という黒い物質ができる。

ここに注意

化学反応式で分子の数などがわからないときは，モデル式を描いてみて，左辺と右辺の数を合わせるようにする。それぞれを化学式で表してから，化学反応式を完成させる。

3 (2)水が逆流すると，急激に温度低下を起こし試験管が割れることがある。

(3)酸化銀を加熱すると，銀と酸素に分解される。

4 マグネシウムが二酸化炭素に含まれる O_2 と反応し，酸化マグネシウムがつくられる反応である。

Step 3 ① 解答	p.36 ～ p.37

1 単体－水素，酸素，炭素
化合物－水，二酸化炭素

2 (1)① 青　② 赤(桃)
　③ 炭酸ナトリウム
(2)イ

3 (1) (例)手であおいでにおいをかぐ。
(2)エ

解説

1 単体は1種類の原子でできているもので，化合物は2種類以上の原子でできているものである。
水素は H_2，酸素は O_2，炭素は C，水は H_2O，二酸化炭素は CO_2 の化学式でそれぞれ表される。
炭素は C で表され，分子をつくらない。

2 (1)①，② 塩化コバルト紙は物質に水分が含まれているか判断するために使用する。水に反応して青色から赤色(桃色)に変わる。
③ 炭酸水素ナトリウムを加熱すると二酸化炭素，水，炭酸ナトリウムに分解するので，残った白い固体は炭酸ナトリウムである。
(2)塩酸に石灰石を加えると二酸化炭素が発生し，塩酸にマグネシウムリボンや亜鉛を加えると水素が発生する。

3 (1)気体が有害な物質だった場合，直接かぐと気体を吸い込み危険であるため，手であおいでにおいをかぐようにする。
(2)結果の表から密度を計算すると，窒素は 1.16 g/L，酸素は 1.33 g/L，水素は 0.10 g/L となる。

8　化学変化と化学反応式

Step 1 解答	p.38 ～ p.39

1 ① 硫化鉄　② 水素　③ 硫化水素
④ 青　⑤ 赤(桃)　⑥ 水　⑦ 2　⑧ 1

2 (1) (例)反応で熱が発生し，その熱で次々と反応するから。
(2) B　(3) A－水素　B－硫化水素

3 (1)ウ
(2)$2H_2 + O_2 \longrightarrow 2H_2O$

4 (1)2，Na_2CO_3
(2)2，4

解説

1 ① 鉄粉と硫黄の粉末の混合物を加熱すると，鉄の性質も硫黄の性質ももたない，硫化鉄という化合物ができる。
② 鉄の性質が残っているので，磁石に引きつけられ，塩酸を加えると水素が発生する。
③ 硫化鉄は，鉄の性質も硫黄の性質ももたないため，磁石に引きつけられず，塩酸を加えると硫化水素が発生する。
⑥ 水素と酸素の混合気体に点火すると爆発的に反応し，水ができる。

2 (1)反応によって熱が発生し，その熱によって新たな反応がどんどん進む。

3 (1)酸素，水素は原子1つだけで存在しているのではなく，2つくっついた分子の形で存在している。したがって O_2 と結合するため H_2 が2つ必要になる。これらが結びつき，水分子が2つできる。

Step 2 解答	p.40 ～ p.41

1 (1)イ　(2)硫化鉄　(3)$Fe + S \longrightarrow FeS$　(4)ア

2 (1)$2H_2 + O_2 \longrightarrow 2H_2O$
(2)$2NaHCO_3 \longrightarrow Na_2CO_3 + CO_2 + H_2O$
(3)$3H_2 + N_2 \longrightarrow 2NH_3$
(4)$2HCl \longrightarrow H_2 + Cl_2$

3 (1)変化なし　(2)ア

解説

1 (4)試験管 A では，乳ばちに残った鉄粉とうすい塩酸が反応するため，水素が発生する。試験管 B では，硫化鉄とうすい塩酸が反応し，硫化水素が発生する。

2 化学反応式の左右で原子の数が等しくなるように係数をつける。

3 (1) 酸化銀を加熱したときに発生する気体は酸素である。

(2) 加熱後にできた物質は銀である。そのため、金属の特徴(とくちょう)を示す。

> **🚨 ここに注意**
>
> 金属は、金属光沢(きんぞくこうたく)をもつ、電気を通す、たたくと広がる、などの特徴をもつ。

9 酸化・還元と熱

1 ❶ 食塩水　❷ 酸化鉄　❸ 還元(かんげん)
　　❹ 二酸化炭素　❺ 酸化

2 ① 二酸化炭素　② 酸化銅
　　③ 酸化マグネシウム
　　④ 水と二酸化炭素　⑤ 酸化鉄
　　⑥ 水と二酸化炭素

3 (1) 熱が発生する反応　(2) イ

4 (1) CO_2　(2) ウ

解説

1 ❶, ❷ 物質全体がもつエネルギーが、外に放出されて減る反応が発熱反応で、温度が上がる。物質全体がもつエネルギーに、さらに外からエネルギーが加わって増える反応が吸熱反応で、温度が下がる。
❸ 酸化銅と炭素の粉末を加熱すると、酸化銅から酸素がとり除かれ(還元され)、銅が残る。
❹ 炭素は酸素と結びついて二酸化炭素になる。

2 ②, ③, ⑤ 金属を完全燃焼(ねんしょう)させると、酸化物になる。
④, ⑥ 加熱して水と二酸化炭素が発生する物質で、炭素・水素・酸素の化合物を一般に有機物という。
① 単体の炭素や二酸化炭素は、有機物には含(ふく)まない。

3 うすい塩酸とうすい水酸化ナトリウム水溶液(すいようえき)を混ぜるときの反応では、熱が発生する。エタノールを燃焼させるときも同様の発熱反応である。

4 (1) 発生した気体が石灰水を白く濁(にご)らせたということから、二酸化炭素だとわかる。
(2) 酸化銅は還元されて銅になり、炭素は酸化されて二酸化炭素になる。

1 (1) 燃焼後　(2) 0.6 g　(3) 燃焼前
　　(4) 水素　(5) 酸化鉄

2 (1) 水　(2) 塩化コバルト紙　(3) イ
　　(4) 二酸化炭素　(5) オ　(6) ア, エ

3 (1) 黒色から赤色　(2) ア　(3) 還元(かんげん)
　　(4) 石灰水　(5) イ　(6) 水
　　(7) 炭素原子, 銅原子, 銀原子

解説

1 (1) スチールウール特有の弾力(だんりょく)がなく、もむとぼろぼろになる。
(2) $2.1 - 1.5 = 0.6$ 〔g〕
(3) 燃焼後のスチールウールには鉄の性質がないので、うすい塩酸に入れても気体は出てこない。
(4) 燃焼前のスチールウールをうすい塩酸に入れると、水素が発生する。
(5) スチールウール(鉄)を燃焼させると酸化鉄になる。

2 (1), (2) 水ができていれば、塩化コバルト紙をつけると、青色から赤色(桃色)に変わる。
(3) 水は、水素が酸素と結びついてできることから、ロウの成分には水素が含(ふく)まれていることがわかる。
(4) 石灰水を白く濁(にご)らせた物質は、二酸化炭素である。
(5) 二酸化炭素は、炭素と酸素が結びついた物質であることから、ロウの成分には炭素が含まれていることがわかる。
(6) 燃やしたとき、水と二酸化炭素ができる物質は有機物である。ア〜オの中で有機物は、アの砂糖、エのエタノールである。

> **🚨 ここに注意**
>
> ロウ、砂糖、エタノールのように、成分として水素と炭素を含む物質を有機物という。それに対して、金属などは無機物という。また、木炭(炭素)は成分として炭素を含んでいるが、有機物には含まない。

3 (1) 黒色の酸化銅が、炭素によって還元され赤色の銅になった。
(2) 銅は金属である。そのため、電流を流す性質がある。

> 銅にうすい塩酸を加えても，亜鉛(あえん)やマグネシウムのように水素は発生しない。

(4) 二酸化炭素の検出には，石灰水が使用される。

(5) **ア**では酸素が，**ウ**では水素が発生する。**エ**は気体が発生しない反応である。

(6) 酸化銅を水素で還元すると，水素は酸化されて水になる。

(7) 炭素原子は酸化銅から酸素をうばって酸化されるため，酸素原子と結びつく強さは最も強い。酸化銀は加熱するだけで銀原子と酸素原子に分解されるため，酸素原子と結びつく強さは銀原子が最も弱い。

10 化学変化と物質の質量

Step 1 解答	p.46 ～ p.47

1 ❶ 二酸化炭素 ❷ 変化 ❸ 定比例
  ❹ 2Cu ❺ O_2 ❻ 4:1
  ❼ 2Mg ❽ 2MgO ❾ 3:2

2 (1) イ (2) 水素 (3) 50.5 g
  (4) 小さくなる。 (5) 質量保存の法則

3 (1) $2Cu + O_2 \longrightarrow 2CuO$
  (2) 2.5 g (3) 4:1
  (4) ① 3.2 g ② 0.3 g

解説

1 ❶，❷ うすい塩酸と石灰石(せっかいせき)が反応すると二酸化炭素が発生するが，密閉(みっぺい)した容器内での反応なので二酸化炭素は空気中に逃(に)げず，反応前後で質量は変化しない。
  ❻ グラフより，銅 4.0 g と結合する酸素の質量は 1.00 g なので，銅：酸素＝4：1 になる。
  ❾ グラフより，マグネシウム 1.5 g と結合する酸素の質量は 1.00 g なので，
  マグネシウム：酸素＝1.5：1＝3：2 になる。

2 (1) 針が目盛りのまん中に止まるまで待つ必要はなく，針が左右に等しく振れていればよい。
  (2) うすい塩酸と鉄が反応して，水素が発生する。
  (3) 密閉した容器の中では，質量は変化しない。
  (4) ふたをゆるめておくと，反応により発生した水素が空気中に出ていってしまうため，その分質量は小さくなる。

3 (1) 銅＋酸素 ⟶ 酸化銅 という反応である。

(2) グラフより，0.8 g の銅から 1.0 g の酸化銅ができているので，2.0 g の銅が完全に酸化したときの酸化銅の質量を x g とすると，
  $0.8 : 1.0 = 2.0 : x$ より，$x = 2.5$〔g〕

(3) グラフより，0.8 g の銅と反応する酸素の質量は，
  $1.0 - 0.8 = 0.2$〔g〕
  よって，銅：酸素＝0.8：0.2＝4：1

(4) ① 酸化銅の質量とそれに含(ふく)まれる銅の質量の比は 5：4 だから，
  $5 : 4 = 4.0 : x$ より，$x = 3.2$〔g〕
  ② 酸化銅 4.0 g には 0.8 g の酸素が含まれている。
  この 0.8 g の酸素と炭素が結びついて二酸化炭素が 1.1 g 発生したから，反応した炭素の質量は，
  $1.1 - 0.8 = 0.3$〔g〕

Step 2 解答	p.48 ～ p.49

1 (1) ○ (2) ○ (3) × (4) ×

2 (1) $2Cu + O_2 \longrightarrow 2CuO$
  (2) 1.28 g (3) 0.00 g

3 (1) 酸化マグネシウム
  (2) 3:2 (3) 比例関係
  (4) $2Mg + O_2 \longrightarrow 2MgO$

4 (1) $2Ag_2O \longrightarrow 4Ag + O_2$
  (2) (例) 水に溶けにくい性質。 (3) 25 %

解説

1 (1)，(2) 酸化マグネシウムの粉末を強く加熱しても，質量は変化しない。マグネシウムの粉末を強く加熱すると，結びついた酸素の質量の分だけ質量は大きくなる。
  (3) 二酸化炭素は気体なので，空気中に逃(に)げるため質量は小さくなる。
  (4) 酸化してできた水や二酸化炭素が失われる分だけ軽くなる。

🔔 ここに注意

> 木炭や砂糖(さとう)の粉末を強く加熱すると，二酸化炭素や水が発生する。空気中に逃げた二酸化炭素の質量や失われた水の質量をそれぞれ実験後の木炭や砂糖の質量に加えると，結びついた酸素の質量と実験前の木炭や砂糖の質量の和と等しくなる。

2 (2) 表より，銅粉 0.40 g を加熱すると 0.50 g の酸化銅が生成されたことがわかる。よって，銅と銅

から生成した酸化銅の比率は $0.4:0.5=4:5$ となる。今回，$1.60\,\mathrm{g}$ の酸化銅が得られたので，用いた銅粉は $1.60\times\dfrac{4}{5}=1.28\,\mathrm{g}$ となる。

(3) 真空状態では酸素が存在しないので，銅粉をどれだけ加熱しても酸化反応は起こらない。

3 (1) マグネシウム＋酸素 ⟶ 酸化マグネシウム

(2) マグネシウム $0.3\,\mathrm{g}$ と結びつく酸素の質量は，
$0.5-0.3=0.2\,\mathrm{(g)}$ だから，
マグネシウム：酸素＝$0.3:0.2=3:2$

(3) 表より，比例の関係にあることがわかる。

> **🚨 ここに注意**
>
> 　銅，マグネシウムがそれぞれ酸素と結びつく割合は，銅：酸素＝4：1，マグネシウム：酸素＝3：2 になる。

4 (2) 水に溶けやすい気体で，空気より軽ければ上方置換法，空気より重ければ下方置換法で集める。

(3) $5.8\,\mathrm{g}$ の酸化銀が分解すると $5.8-5.4=0.4\,\mathrm{(g)}$ の酸素が発生する。実験②の加熱では $5.8-5.5=0.3\,\mathrm{(g)}$ の酸素が発生したので，分解しないで残っている酸化銀の割合は，$\dfrac{(0.4-0.3)}{0.4}=0.25$ となり，百分率で表すと $25\,\%$ である。

Step 3 ② 解答　　　　p.50 ～ p.51

1 (1) $2\mathrm{Cu}+\mathrm{O_2}\longrightarrow 2\mathrm{CuO}$

(2) $\dfrac{bc}{a}$　(3) 下図　(4) **1.26 g**　(5) **0.6 g**

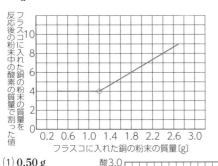

2 (1) **0.50 g**

(2) 右図

(3) **3：2**

(4) **1.20 g**

(5) (例) 石灰水が試験管 X に逆流しないようにするため。

(6) ① **イ**　② **イ**

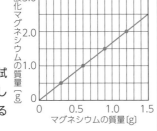

解説

1 (2) 求める銅の質量を $x\,\mathrm{g}$ とすると，酸素の質量：銅の質量は一定になるので，$a:b=c:x$ であり，これを x について解くと，$x=\dfrac{bc}{a}$ になる。

(3) 次の表をもとにしてグラフを描けばよい。銅の1.2 のところに○印をつける。

銅	0.4	0.6	0.8		1.5	2.1	2.7
酸素	0.1	0.15	0.2		0.3	0.3	0.3
銅÷酸素	4	4	4		5	7	9

(4) 加熱後の粉末の質量が変化しないのは，酸素 $1.5\,\mathrm{g}$，加熱後の粉末 $4.83\,\mathrm{g}$ のときで，このときが過不足なく反応している。
　加熱前の質量は $3.57\,\mathrm{g}$ なので，実際に結びついた酸素の質量は，
$4.83-3.57=1.26\,\mathrm{(g)}$

(5) 等しい量の酸素が結びつくので，銅に結びついた酸素は半分の $0.63\,\mathrm{g}$ になる。
酸素 $0.63\,\mathrm{g}$ が結びつく銅の質量 $x\,\mathrm{g}$ は，(3) から，
$0.8:0.2=x:0.63$ より，$x=2.52\,\mathrm{(g)}$
銅が $2.52\,\mathrm{g}$ あり，残りが金属 X なので，
$3.57-2.52=1.05\,\mathrm{(g)}$
これが同じく $0.63\,\mathrm{g}$ の酸素と結びつく。
金属 X $1.0\,\mathrm{g}$ と結びつく酸素の質量を $y\,\mathrm{g}$ とすると，
$1.05:0.63=1.0:y$ より，$y=0.6\,\mathrm{(g)}$

2 (1) 酸化マグネシウムの質量は，
$13.38-12.88=0.50\,\mathrm{(g)}$

(3) 酸化マグネシウムの質量－マグネシウムの質量＝酸素の質量より，
$0.5-0.3=0.2\,\mathrm{(g)}$
よって，マグネシウム：酸素＝$0.3:0.2=3:2$

(4) 銅と結びついた酸素の質量は，
$3.70-3.20=0.50\,\mathrm{(g)}$
この酸素と結びつく銅の質量は，
銅：酸素＝4：1 なので，$0.5\times4=2.00\,\mathrm{(g)}$
銅 $3.20\,\mathrm{g}$ のうち，$2.00\,\mathrm{g}$ が酸化したので，残りの $1.20\,\mathrm{g}$ が酸化しなかったことになる。

(6) 酸化銅は炭素によって還元された。そのため，試験管 X の中にある固体の物質の質量の合計は，炭素と結びついて二酸化炭素になった酸素の質量の分だけ減少する。

11 生物と細胞

Step 1 解答	p.52 ～ p.53

1 ① 植物 ② 動物 ③ 細胞壁(さいぼうへき) ④ 液胞(えきほう)
　 ⑤ 葉緑体 ⑥ 核(かく) ⑦ 細胞膜(まく) ⑧ 器官
　 ⑨ 組織 ⑩ さく状 ⑪ 細胞

2 (1) 核 (2) ア, オ

3 (1) ① エ ② ウ ③ イ ④ オ ⑤ ア
　 (2) ③, ④, ⑤ (3) ④
　 (4) 酢酸(さくさん)カーミン液(酢酸オルセイン液)

4 (1) イ (2) 多細胞生物

解説

2 (1) 酢酸カーミン液は核を赤く染色する。

3 細胞壁と発達した液胞があることが植物細胞の特徴(とくちょう)である。葉緑体は根や表皮の細胞にはない。

4 ゾウリムシ, ミカヅキモは単細胞生物で, ミジンコは多細胞生物である。ミカヅキモは葉緑体をもつが, ゾウリムシ, ミジンコは葉緑体をもたない。

Step 2 解答	p.54 ～ p.55

1 (1) 核(かく) (2) イ (3) 400 倍
2 (1) 網状脈(もうじょうみゃく) (2) 気孔(きこう)
3 (1) イ (2) 器官－葉　組織－ウ (3) エ
　 (4) 40 倍
　 (5) 範囲(はんい)－せまくなる　明るさ－暗くなる
　 (6) ウ (7) ア

解説

1 (3) 顕微鏡(けんびきょう)の倍率は接眼レンズの倍率と対物レンズの倍率をかけ合わせたものである。

2 (1) 図1のように網状に広がる葉脈を網状脈といい, 双子葉類(そうしようるい)にみられる。

3 (1) 同じ種類, はたらきの細胞の集まりを組織, 組織の集まりを器官とよぶ。
　 (2) 図2は, 植物の葉の裏側の表皮にある気孔である。
　 (3) 気孔は穴なので, 積極的に気体を放出・吸収することはできない。
　 (4) 顕微鏡の倍率は, 接眼レンズの倍率×対物レンズの倍率で求める。
　 (6) 一般(いっぱん)に顕微鏡では, 上下左右が逆向きに見える。
　 (7) 右上にあるものを中央にもってくるには, 左下

12 根・茎・葉のはたらき

Step 1 解答	p.56 ～ p.57

1 ① 気孔(きこう) ② 道管 ③ 師管 ④ 師管
　 ⑤ 道管 ⑥ 道管 ⑦ 師管 ⑧ 維管束(いかんそく)
　 ⑨ 師管 ⑩ 道管

2 ① 主根 ② 側根 ③ ひげ根 ④ 根毛(こんもう)
　 ⑤ 表面積 ⑥ 栄養分

3 (1) A－道管　B－師管
　 (2) A－ア　B－ウ

4 イ

解説

1 水の通り道である道管と栄養分の通り道である師管をまとめて, 維管束という。根・茎(くき)・葉それぞれに維管束がある。

2 根は水分や養分を吸収しやすいように, 細かく枝分かれし, さらに無数の根毛をつけている。

3 (1) 図のAは細胞の壁(かべ)が厚く, 側壁(そくへき)には輪やらせんの模様がある。
　 (2) 葉でつくられたデンプンは, 糖に分解されて運ばれるため, ヨウ素液では反応しない。

4 ネギは単子葉類, ハクサイは双子葉類(そうしよう)である。単子葉類の根はひげ根, 双子葉類の根は主根と側根からできている。

Step 2 解答	p.58 ～ p.59

1 (1) 記号－d　名称(めいしょう)－気孔(きこう)
　 (2) 記号－ア　名称－道管(いかんそく) (3) 維管束
　 (4) イ, オ (5) イ
2 (1) ① 主根 ② 側根 ③ ひげ根 (2) 根毛
3 (1) (例)水面から水が蒸発したから。
　 (2) (例)茎(くき)にある気孔から水蒸気が出ていったため。
　 (3) 4.65 g (4) 蒸散(とう) (5) 気孔 (6) ウ, キ
4 (1) オ (2) ウ (3) ク (4) エ

解説

1 (4) 被子植物(ひし)のなかまを考える。
　 (5) 葉では, 光合成の結果, デンプンがつくられるが, デンプンは水に溶けないので, 水に溶ける糖に変えられて運ばれる。

② (1) 植物の根のつくりとして，主根と側根のあるものと，ひげ根だけのものがある。

③ (1) 装置Cで水が減少したのは，水面から自然に水が蒸発したからである。

(3) 5.95−1.30＝4.65〔g〕

(4)，(5) 葉の表面の気孔から水蒸気が出ていく現象を，蒸散という。

(6) 主根・側根があるのは双子葉類の根で，タマネギ，トウモロコシ，ムラサキツユクサ，イネ，スズメノカタビラは単子葉類である。

④ (3)，(4) 葉でつくられた栄養分は師管を通り，根から吸い上げられた養分や水分は道管を通る。また，被子植物は道管をもつが，裸子植物・シダ植物は仮道管をもつ。仮道管は道管と同じはたらきをするが，管の途中につなぎ目がある。

13 植物の光合成と呼吸

Step 1 解答   p.60 ～ p.61

① ❶ 二酸化炭素 ❷ 酸素 ❸ 酸素
❹ 二酸化炭素 ❺ 光 ❻ 気孔 ❼ 光合成
❽ 呼吸

② ① 葉 ② デンプン ③ 気孔
④ 二酸化炭素 ⑤ 根毛 ⑥ 水 ⑦ 光

③ (1) 上 (2) ア (3) 葉緑体 (4) ヨウ素液
(5) エ

④ a

解説

① 植物も動物と同じように一日中呼吸を行っている。また，光があたると，呼吸と同時に光合成を行う。

② 光合成に必要な条件は，①葉の緑色の部分（葉緑体）②光のエネルギー ③気孔から吸収した二酸化炭素 ④根毛（根）から吸収した水 である。

③ (1) 気孔が少なく，細胞がつまって並んでいる側が葉の表側である。

(2) 光合成は，葉緑体のある部分で行われる。

(5) 栄養分の通る師管が，葉の維管束では下側に位置している。

④ a～dの部分で，b，cはふの部分で，葉緑体がないので，日光があたってもあたらなくても，光合成が行われない。dは，葉緑体はあるが，日光があたっていないので，光合成が行われない。aは，葉緑体があり，日光があたっているので，光合成が行われ，

デンプンができて，ヨウ素反応で染まる。

Step 2 解答   p.62 ～ p.63

① (1) ウ (2) イ (3) ウ (4) エ
② (1) イ (2) (例)葉のデンプンをなくすため。
(3) X－C　Y－B
③ (1) イ (2) 師管

解説

① 二酸化炭素が存在するとBTB液は黄色を示し，なくなると青色を示す。呼気を吹きこむと二酸化炭素が溶けて酸性になる。②で加熱すると水に溶けていた気体（二酸化炭素）は，液から出ていく。

② (1) ヨウ素液による色の変化を見やすくするために，葉の緑色の色素を溶かしだす必要がある。

(3) 光が必要かどうかについて調べるためには，光の条件だけがAと異なるものを選ぶ必要がある。また，光合成が葉の緑色の部分だけで行われていることを調べるためには，Aとふの部分を比較すればよい。

③ (1) 光合成は，葉緑体の部分で，気孔からとり入れた二酸化炭素と根から吸収した水を原料にして，光のエネルギーを受け，デンプンと酸素ができるはたらきである。

(2) 葉でつくられた栄養分は，師管を通ってからだの各部分へ移動する。

Step 3 ① 解答   p.64 ～ p.65

① (1) ロバート・フック (2) A
(3) a－液胞 b－細胞壁 c－核
　 d－細胞膜 (4) b－エ c－ア
(5) 酢酸カーミン液（酢酸オルセイン液）
(6) 赤色（(5)で酢酸オルセイン液とした場合，赤紫色）

② エ

③ (1) 道管 (2) ① c ② a－b ③ b－c
(4) a－c

④ (1) ① ウ ② カ (2) エ (3) a
(4) イ，エ

解説

① (3) 細胞壁と発達した液胞は植物細胞だけに見られる。細胞膜は植物細胞・動物細胞に共通である。

(4) イは液胞，ウは細胞膜を説明している。

13

2 双子葉類の根は主根と側根からなり，茎の維管束は輪状に並んでいる。また維管束の内側に道管がある。

3 Aの減少量*a*は，葉と茎と試験管の水面から，Bの減少量*b*は，茎と試験管の水面から，Cの減少量*c*は，試験管の水面のみから蒸発した水分量を表している。

4 (4) ふ入りの部分は，細胞内の葉緑体がない所である。そのため，光合成を行うことができない。aとb，aとdを比較して考える。

14 食物の消化と吸収

Step 1　解答	p.66 〜 p.67

1 ❶胃　❷大腸　❸小腸
2 エ
3 (1)酵素　(2)① 柔毛　② 肝臓　③ リンパ管

解説

1 消化管やそこにつながるだ液せん，すい臓，肝臓などを，消化器官という。
2 脂肪酸とモノグリセリドは吸収されたあと，脂肪に再合成されてリンパ管へと入る。
3 (2) 吸収は，小腸の柔毛で行われる。

Step 2　解答	p.68 〜 p.69

1 (1) 対照実験　(2)ア，ウ　(3)ベネジクト液
　(4) B
2 (1)ア　(2)イ
　(3)① ウ
　　② (例)脂肪酸とモノグリセリドは，小腸で吸収されたあとに再び脂肪となりリンパ管に入る。リンパ管は血管とつながっており，脂肪は全身の細胞へ運ばれる。
3 (1) A－ク　F－ウ　H－オ
　(2)H－オ　(3)E－エ　(4)A－ク
　(5)D－キ　(6)G－コ　(7)C－イ

解説

1 (2)ウでは温度が低いために酵素がほとんどはたらかず，デンプンがそのまま残る。麦芽糖はほとんど生成しない。
2 (1)タンパク質は胃液中のペプシン，すい液中のトリプシンなどの消化酵素のはたらきで最終的にアミノ酸に分解される。

(2)脂肪は胆汁のはたらきにより，水に溶けやすくなる。
(3)① 小腸の柔毛により吸収されたブドウ糖とアミノ酸は，小腸から肝臓へと運ばれる。
　② 脂肪はすい液のはたらきにより脂肪酸とモノグリセリドに分解されるが，小腸に吸収されるときに脂肪になる。リンパ管は静脈と合流しており，脂肪は全身へと運ばれる。

3 (3)胃液は塩酸によって強い酸性になっている。
　　ペプシンは酸性でよくはたらくタンパク質分解酵素である。
(5), (7)胆汁は弱アルカリ性で，脂肪の消化を助ける。消化酵素は含まない。肝臓でつくられ，胆のうに蓄えられて濃縮されてから小腸に分泌される。

15 呼吸と血液循環

Step 1　解答	p.70 〜 p.71

1 ❶大静脈　❷肺動脈　❸肺静脈
　❹右心房　❺右心室　❻左心房　❼左心室
　❽赤血球　❾白血球　❿血小板
　⓫血しょう
2 (1)器官－肺　名称－肺胞
　(2)① 血しょう　② 組織液
3 (1)イ　(2)D
　(3)肺循環　(4)体循環

解説

1 からだを前から見た図なので，心臓の部屋の左右が逆になる。
2 (1)肺は，肺胞とよばれる小さな袋が集まることで，表面積を大きくし，酸素と二酸化炭素の交換を効率よくできるようにしている。
3 (1)アンモニアは有害なので，肝臓で比較的害の少ない尿素に変えられる。
(2)尿素は腎臓に運ばれ，体外へ排出される。

Step 2　解答	p.72 〜 p.73

1 (1) A－赤血球　B－組織液
　(2) (例)二酸化炭素が少なく，酸素を多く含む血液。
　(3) a　(4)エ
2 (1) I群－ウ　Ⅱ群－キ　(2)エ
3 (1)① 肺　② 横隔膜　(2)③ ア　④ ウ

解説

1 (2)肺静脈には動脈血が流れているため，酸素を多く含む。

(3)栄養分は小腸で吸収され，血液に栄養分が含まれる。

(4)肝臓にはアンモニアを尿素に変えるはたらきがある。

2 (1)左心室で全身に血液を送り出し，右心室で肺に血液を送り出している。

3 ヒトの肺自身には筋肉がない。

呼吸運動は横隔膜とろっ間筋の収縮によって行われている。

16 刺激と反応

Step 1　解答	p.74～p.75

1 ❶感覚　❷感覚　❸運動　❹運動
❺中枢　❻収縮する　❼ゆるむ
❽関節

2 (1)①イ　②ア
(2)①ア　②イ

3 (1)X－感覚神経　Y－運動神経
(2)反射
(3)①ア　②ウ

解説

2 うでを伸ばすときと曲げるときでは，収縮する筋肉とゆるむ筋肉が逆になる。

3 大脳（脳）以外の部位から命令が出される反応を反射という。

命令が出される場所を反射中枢といい，脊髄や延髄，中脳などにある。

Step 2　解答	p.76～p.77

1 (1)網膜
(2)(例)眼に入る光の量が多くなったとき。

2 ①鼓膜　②うずまき管　部分－D

3 (1)a－感覚　b－運動　(2)イ

解説

1 (1)網膜には光の刺激を受けとる細胞がある。
(2)ひとみは虹彩によって大きさを変えることで，光の量を調節するはたらきを行う。

2 音は空気の振動となって伝わる。はじめに鼓膜を振

動させ，耳小骨を通してうずまき管に振動が伝わる。

3 (1)感覚神経は感覚器官が受けた刺激を脳に伝える。

(2)ものさしが落ちた距離の平均を求めると，(15.7＋10.3＋11.1＋13.9＋11.5)÷5＝12.5 このときのものさしが落ちるのに要する時間をグラフから読みとる。

Step 3 ②　解答	p.78～p.79

1 ①イ　②ウ

2 (1)①感覚器官　②F→E→C→D→H
(2)①反射　②(例)刺激による信号が，大脳を経由せずに，脊髄から直接筋肉に伝わるから。
③F→G→H

3 (1)①動脈血　②記号－B　名称－肺静脈
(2)a－ア　b－エ　c－エ　d－ア

解説

1 ① ヨウ素液はデンプンを検出できる薬品である。
② 熟したバナナが甘いのはデンプンが分解され，糖になっているからである。

2 (1)耳で刺激を受けて，大脳で音を認識し，手の筋肉に大脳から指令を出している。
(2)大脳で認識していると時間がかかるので，緊急の場合は脊髄が筋肉に命令を出す。

3 (1)血液は肺で酸素を受けとり，動脈血となる。その後Bの肺静脈を通り，左心房に入る。
(2)心室が収縮するとき，血液は心室から動脈へ流れるので，弁b，cは開いている。このとき，弁a，dは閉じている。

第4章 天気とその変化

17 気象の観測

Step 1　解答	p.80～p.81

1 ❶等圧線　❷4　❸西南西　❹高気圧
❺低気圧

2 (1)ウ　(2)44％

3 風向－西　風力－3　天気－晴れ

4 (1)エ　(2)ア

解説

1 ❶気圧が等しい地点を結んだ曲線を等圧線という。
❷，❸風力は矢羽根の数で表し，風向は矢羽根の

向きで表す。

❹，❺高気圧，低気圧は，1013 hPa より気圧が高い，低いではなく，まわりより気圧が高いか，まわりより気圧が低いかで表す。高気圧の中心付近は天気がよいことが多く，低気圧の中心付近は天気が悪いことが多い。

2 (1) 湿球は，水が蒸発するのにともなって気化熱を奪われるので，乾球より示度が低くなる。

(2) 乾球の示度は 20 ℃，湿球の示度は 13.5 ℃より示度の差は 6.5 ℃である。表より，そのときの湿度は 44 ％と読みとれる。

3 矢羽根の向きは西を向いているので風向は西，矢羽根の数は 3 つあるので風力は 3，天気記号から天気は晴れとわかる。

4 (1) 風向計の先端は，風が吹いてくる向きを示している。

(2) 風力は，煙のたなびきかたや木の葉の動きなどを参考に測定できる。

　気温を測定するときは，温度計を直射日光のあたらない風通しのよいところで用いて測定する。

Step 2　解答　　　　　　　　　　p.82 ～ p.83

1 (1) イ　(2) 64 ％
2 (1) 気圧－B　湿度－A
　(2) (例) 気温は昼すぎに最高になり，湿度と気温の変化は逆になるから。
　(3) 4 時
3 (1) エ　(2) イ　(3) C，A，B

解説

1 (2) 図より，乾球の読みと湿球の読みの差は 20－16 ＝4〔℃〕である。

🚨 ここに注意

　乾球はそのときの気温を示している。湿球は気化熱のため，乾球よりも温度が低くなることが多い。

2 (1) C は，よく晴れた日の 14 時ごろに最も高くなっているので気温である。湿度は気温が高いときに低くなるから，A である。

(3) 湿度が高いときの気温は露点に近い。グラフより，湿度がいちばん高いのは 4 時ごろである。

3 (1) 晴れた日の気温は朝は低く，昼すぎに最高にな

る。また，くもりの日より晴れの日のほうが気温の変化が大きくなるということからも判断する。

(2) 台風は熱帯低気圧が発達したものだから，台風が近づくと観測地点の気圧も下がる。

(3) A は 1012 hPa，B は 1008 hPa，C は 1016 hPa となる。等圧線は 4 hPa おきにひいてある。

18　圧力と大気圧

Step 1　解答　　　　　　　　　　p.84 ～ p.85

1 ❶ 2　❷ 2　❸ 4　❹ 同じ
　❺ 反比例　❻ 大気圧　❼ 小さい　❽ 小さく
2 (1) 1200　(2) 600
3 (1) A　(2) C
4 (1) つぶれる。
　(2) ① 水蒸気　② 水　③ 気圧　④ 大気圧

解説

1 面におよぼす力のはたらきは，力の大きさが同じでも接触する面の大きさによって変わる。そのため，面におよぼす力の大きさそのものではなく，面にはたらく圧力の大きさで考えなければならない。

2 (1) 直方体の物体にはたらく重力は 0.72 N だから，いちばん小さい面の面積でわって圧力の最大値を求めると，

$$0.72 \div (3 \times 2) = 0.12〔N/cm^2〕$$
$$= 1200〔N/m^2〕$$

(2) いちばん大きな面の面積は (1) の 2 倍だから，圧力は (1) の $\frac{1}{2}$ になる。

3 圧力の大きさは，物体の重さに比例し，接触している面積に反比例する。この物体は A の面の面積がいちばん大きく，C の面の面積がいちばん小さいので，圧力の大きさは，A の面を下にして置いた場合がいちばん小さく，C の面を下にして置いた場合がいちばん大きい。

4 空き缶の中の水蒸気が水に変化することで，空き缶内の気体の体積が減る。空き缶内の気体の体積が減ると，気圧が小さくなる。空き缶内の気圧は，空き缶を内側から押す力に等しい。空き缶内の気圧が大気圧より小さくなれば，空き缶はまわりの空気から押しつぶされる。

Step 2 解答　　　　　　p.86〜p.87

1 (1) 84000 N/m²(＝8.4 N/cm²)

(2) 84000000 N/m²(＝8400 N/cm²)

(3) 999 頭

2 (1) 空気がない状態(真空)。

(2) 大気圧　(3) 重さ　(4) 海面近く

3 (1) ア　(2) エ　(3) ① 1.20 g　② 0.60 g

4 イ

解説

1 (1) 4.2 t＝4200 kg　よって，ゾウにはたらく重力の大きさは 42000 N である。

$$\frac{42000}{0.5}=84000 〔N/m^2〕$$

(2) $\frac{8.4}{0.0000001}=84000000 〔N/m^2〕$

(3) (2)は(1)の 1000 倍だから，全部でゾウが 1000 頭になるようにすればよい。

2 水中に入ると水圧を受けるように，私たちは空気中で大気圧を受けている。

(3) 1 L の空気の質量は約 1.3 g である。

3 (1) 吸ばんをガラス板におしつけると，吸ばんとガラス板の間の空気がおし出され，その間の空気の圧力が，大気圧より小さくなる。

(2) ペットボトル内の空気を抜くと，中の空気の圧力が，大気圧より小さくなるので，大気圧によってペットボトルはつぶされる。

(3) ① 80.45－79.25＝1.20 〔g〕

② $1.20×\frac{500}{1000}=0.60 〔g〕$

4 レンガの質量は等しいので，圧力の大きさは底面積によって決まる。圧力の大きさは底面積に反比例するので，底面積の小さい T の方が圧力は大きくなる。

19　霧や雲の発生

Step 1 解答　　　　　　p.88〜p.89

1 ❶ 下が　❷ 白くくもる　❸ 上が

❹ 消える　❺ 気温(温度)　❻ 水滴

❼ 氷の粒

❽ 雪の結晶　❾ 雪　❿ 雨

2 (1) (例)線香の煙をフラスコ内に入れる。

(2) ① 気圧　② 露点

3 エ

4 (1) 78.6 %　(2) 16 ℃　(3) 2.9 g

解説

1 ❶〜❹ 大型注射器を急に引くと，丸底フラスコ内の気圧が低くなり，温度が下がってフラスコ内は白くくもる。大型注射器を急に押すと，丸底フラスコ内の気圧が高くなり，温度が上がってフラスコ内のくもりは消える。

空気が上昇する理由は

Ⅰ 地表付近の空気が急激にあたためられた。

Ⅱ 空気が山腹に沿って上昇した。

Ⅲ あたたかい空気が冷たい空気の上にはい上がった。

などがあげられる。上昇するようすによってできる雲の形も左右される。

❻〜❿ 水滴が上昇して氷の粒ができ，雪の結晶ができる。雪の結晶が地上に降ってくるとき，気温が低いときは雪のままで，気温が高いときは雨となって降ってくる。

2 (1) 白くくもるには核になるものが必要であるため，線香の煙などをフラスコ内に入れる。

(2) ② 露点に達すると，水蒸気が水滴になる。

3 部屋の温度を高くすると，部屋の空気の飽和水蒸気量が大きくなる。そのため，部屋の中の水蒸気量が一定だと，湿度は低くなる。

4 (1) 20 ℃の飽和水蒸気量は 17.3 g/m³ だから，この大気の湿度は，13.6÷17.3×100＝78.61…→ 78.6 〔%〕

(2) 大気 1 m³ 中の飽和水蒸気量が 13.6 g になるのは，気温が 16 ℃のときだから，露点は 16 ℃である。

(3) 12 ℃のときの飽和水蒸気量は 10.7 g/m³ だから，13.6－10.7＝2.9 〔g〕が水滴になって出てくる。

Step 2 解答　　　　　　p.90〜p.91

1 ① ア　② エ

2 (1) ① 膨張　② 下が

(2) (例)フラスコ内部の空気中の水蒸気を増やすため。

(3) (例)上昇する空気のかたまりは，上空ほど気圧が低いため膨張し，気温が下がる。気温が露点付近になると，大気中のちりが凝結核となって水蒸気が水滴になり，雲ができる。

3 (1) 1000 m

(2) (例)水滴ができるとき，気化熱に相当する熱が放出されるから。

(3) 100 %のまま。(変わらない。)　(4) 500 m

4 (1) ① 凝結　② イ→エ→ア→ウ
(2) エ

解説

1 ① 曲線上の空気は，水蒸気が飽和状態にある空気，すなわち湿度が 100 ％の空気である。

② その気温での飽和水蒸気量に対する空気 1 m³ 中に含まれる水蒸気量の割合が小さいほど，湿度は小さい。

2 (1) ピストンを引くと，フラスコ内の気圧が下がり空気が膨張する。このとき，フラスコ内の気温は下がり，露点に達して水滴ができる。

(2) 少量の水を入れることで，空気中に含まれる水蒸気の量を増やし，凝結を起きやすくしている。線香の煙は凝結核の役割をさせるために入れる。

3 (1) 1000 m から温度の下がり方に変化が見られることから，地上 1000 m で雲が発生したと考えられる。

(3) 雲を生じているのだから，その空気は露点に達した状態のままである。

(4) 上昇気流の温度と周囲の気温が等しくなった高さで上昇は止まる。

周囲の空気の温度変化をグラフに描き入れて，そのグラフが上昇する空気のグラフと交わる点を求める。

図のグラフで，1000 m まで上昇するときの温度を表す式は，$y=-\dfrac{1}{100}x+25$ と表される。

周囲の空気が地上で 23 ℃のとき，1000 m まで上昇するときの温度を表す式は，$y=-\dfrac{0.6}{100}x+23$ と表される。よって，2 つのグラフの交点を求めると，

$$-\frac{1}{100}x+25=-\frac{0.6}{100}x+23$$

$$-x+2500=-0.6x+2300$$

$$-0.4x=-200$$

$$x=500$$

よって，500 m の高さで上昇は止まる。

4 (1) 空気のかたまりが上昇して，まわりの気圧が低くなると空気のかたまりが膨張する。そして空気のかたまりが露点に達すると，水蒸気が凝結して水滴に変化する。

(2) 800 m の高さに達するまでは，湿度はしだいに高くなっていくので，乾球と湿球の温度差は小さくなっていく。

800 m の高さで露点になると，水蒸気が凝結して水滴になる。そのとき，湿度は 100 ％で，乾球と湿球の温度差は 0 である。

このあと山頂まで雨が降っているので，湿度は 100 ％のままである。

20　気圧と風

Step 1　解答　　　　p.92 ～ p.93

1 ❶ 低気圧　❷ 高気圧　❸ 雲　❹ よい
❺ 4　❻ 20　❼ 強い

2 (1) 上昇気流　(2) 低気圧の中心
(3) (例) ふもとに比べ山頂の気圧が低いから。

3 (1) 1012 hPa　(2) ア，ウ
(3) A，等圧線の間隔がせまいから。

解説

1 周囲よりも気圧が低い場所を低気圧といい，上昇気流が生じるので雲が発生して天気が悪い。地表付近では，周囲から反時計まわりに空気が吹きこむ。

周囲よりも気圧が高い場所を高気圧といい，下降気流が生じるので雲が発生しにくく天気がよい。地表付近では，周囲へ時計まわりに空気が吹き出す。

2 (1) 山腹に沿ってふもとから山頂に向かって吹く風の流れを上昇気流といい，上昇気流の発生するところでは雲ができやすい。

(2) 上昇気流は，低気圧の中心付近に見られる。

🚨 **ここに注意**

低気圧の中心付近では，上昇気流が起こっており，地表の空気が上空へ運ばれている。このとき，空気中の水蒸気が冷やされて水滴になるため雲が発生しやすくなる。そのため，低気圧の中心付近は，天気が悪い場合が多い。

一方高気圧の中心付近では，下降気流が起こっており，空気中の水蒸気はあたためられて雲が消えてしまう。そのため，高気圧の中心付近は，天気がよい場合が多い。

(3) ふもとから山頂へ近づくにしたがって，気圧はだんだん低くなっていく。

3 (1) 1020 hPa より 8 hPa 低くなっている。

(2) 低気圧の中心付近では，低気圧の中心に向かって周囲から風が吹きこむため，中心付近では上昇気流が起こっている。

(3) 等圧線の間隔がせまい所ほど，風が強い。

⚠ **ここに注意**

　風は，気圧の高い所から低い所に向かって吹く。高気圧の中心付近では，下降気流が起こっており，吹く風は弱く，等圧線の間隔は広くなっている。低気圧の中心付近では，上昇気流が起こっており，吹く風は強く，等圧線の間隔はせまくなっている。

Step 2　解答　　　　　　　　p.94 〜 p.95

1 (1) イ　(2) ア
2 (1) ウ　(2) A − 高い　B − 低い　C − 強い
3 (1) 右図
　　(2) 地点 − A
　　　理由 − (例) 3つの地点のうち，
　　　等圧線の間隔が最もせ
　　　まいから。

4 (1) イ　(2) ア　(3) A

解説

1 (1) 高度が大きくなるほど，上にのっている空気の量が減るので，気圧は下がる。
　(2) ある値の気圧より気圧の大きい所を高気圧というのではない。
2 (1) 北半球では，低気圧は周辺から中心に向かって反時計まわりに風が吹きこむ。
　(2) 気圧の差によって風が生じる。このとき，気圧の差が大きいほど風は強くなる。
3 (2) 等圧線の間隔がせまい所では，気圧の変化が大きくなっているため，風が強く吹く。
4 (1) 台風の中心に向かってひいた直線より，時計まわりに約 30° ずれて吹いてくる。
　(2) 台風が近づいてくると，東よりの風からしだいに南東よりの風に変わり，風力はだんだん強くなる。
　(3) 台風の進行方向の右側は，台風の進行速度と吹きこむ風の速度が加算されて強い風が吹くので，危険半円という。

Step 3 ①　解答　　　　　　　　p.96 〜 p.97

1 (1) ① 小さ　② 大気圧
　(2) ウ
2 (1) A − 10000 N/m² (1 N/cm²)

　　　B − 5000 N/m² (0.5 N/cm²)
　(2) 7500 N/m² (0.75 N/cm²)
　(3) 30000 N/m² (3 N/cm²)
3 (1) エ　(2) ウ
4 (1) 5.8 g　(2) イ
5 オ

解説

1 大気圧におされてペットボトルがつぶれた。大気圧はあらゆる向きにはたらく。
2 (1) A：$\dfrac{4}{0.0004}=10000$ [N/m²] = 1 [N/cm²]
　　　B：$\dfrac{8}{0.0016}=5000$ [N/m²] = 0.5 [N/cm²]
　(2) $\dfrac{4+8}{0.0016}=7500$ [N/m²] = 0.75 [N/cm²]
　(3) $\dfrac{4+8}{0.0004}=30000$ [N/m²] = 3 [N/cm²]
3 (1) 風向は，風が吹いてくる方向を表し，風向風速計などで測定する。
　　　雨量は，一般的には雨量計に入った降水量をはかることで求めている。
　(2) 雲量が 2 〜 8 の場合，天気は晴れである。しかし，雨が降っている場合は雲量にかかわらず天気は雨となるので注意する。
4 (1) 観察を始めたときの気温は 17 ℃で，そのときの飽和水蒸気量は 14.5 g/m³ である。このときの湿度は 40 ％なので，14.5×0.4 = 5.8 [g]
　(2) 外気温と同じ温度の窓ガラスがくもり始めたときの空気中の水蒸気量は 7.3 g/m³ である。よって，380×(7.3−5.8) = 570 [g]
5 雲は，空気中の水蒸気が凝結して水や氷になったものである。気温が低くなると飽和水蒸気量は小さくなる。その後，露点に達して水蒸気が水滴になる。

21　前線と天気の変化

Step 1　解答　　　　　　　　p.98 〜 p.99

1 ❶ 積乱雲　❷ 乱層雲　❸ 寒冷　❹ 温暖
2 (1) ウ　(2) ア
3 (1) c　(2) 右側　(3) 熱帯低気圧　(4) 前線
　(5) 偏西風

解説

1 温暖前線付近には水平方向に乱層雲が発達する。
寒冷前線付近には垂直方向に積乱雲が発達する。

2 (1) 前線は，性質の異なる気団が接する所にできる。

(2) 温暖前線は，暖気が寒気の上へはい上がるようにしてできる前線である。

3 (1) 台風の中心には，反時計まわりに風が吹きこむ。このことから風向の変化を考えると，台風は鹿児島市の東側を通過したことがわかる。

(2) 台風の進行方向の右側のほうが風力が大きい。

(3) 熱帯低気圧が発達したものが台風である。

(4) 熱帯低気圧は，温帯低気圧のように前線をともなわない。

(5) 日本の上空を吹いている強い西風を偏西風という。

🚨 **ここに注意**

　熱帯低気圧が発達し，最大風速が毎秒 17.2 m 以上になると台風という。

Step 2 解答	p.100 ～ p.101

1 (1) ウ　(2) 晴れ　(3) シベリア高気圧(シベリア気団)　(4) イ

2 (1) 温暖前線　(2) ウ　(3) ア

3 (1) 1 日目－②　2 日目－③　3 日目－①

(2) a～b－ア　b～c－オ　b～d－イ

(3) b～d　(4) ウ

解説

1 (1) 長崎県付近の等圧線は，ほぼ南北に走っているので，風向は北西になる。

(3) 西高東低の気圧配置から，冬の天気図だとわかる。シベリア高気圧は冬にシベリアで発達する。

(4) 冷たい空気があたたかい空気を押し上げながら進む前線である。

2 (1) 温暖前線は暖気が寒気の上にのしかかる形で進み，ゆるやかな前線面をつくる。

(2) 前線によって観測される雲の種類が異なる。温暖前線では，前線に近い地点ほど高度の低い位置にできる雲が見られる。

(3) 地点 A で今後通過する前線は寒冷前線である。寒冷前線が通過すると気温が下がり，北よりの風が吹く。

3 (1) 寒冷前線が温暖前線に追いつき，間隔がせまくなり，やがて低気圧の中心付近から閉そく前線に変わる。

(3) 温暖前線付近の天気の特徴である。

(4) 温暖前線は，暖気が寒気の上にはい上がるようにしてできる。寒冷前線は，寒気が暖気を押し上げるようにしてできる。

22　日本の気象と気象災害

Step 1 解答	p.102 ～ p.103

1 ❶ シベリア　❷ オホーツク海　❸ 小笠原
❹ シベリア　❺ 水蒸気　❻ 雪
❼ 乾い　❽ 雪が降る
❾ 乾燥　❿ 季節風

2 ① ア　② ア　③ イ　④ イ

3 (1) 小笠原気団　(2) イ

4 (1) 台風　(2) 高潮
(3) (例)水力発電，農業・工業用水など

解説

1 冬の日本では，大陸のシベリア気団から冷たい風が吹き出し，日本海の上で大量の水蒸気を含み，日本海側に雪を降らせる。日本列島をこえた風は，乾いた風となって太平洋側に吹く。これが冬の季節風である。

2 冬，日本海側は雪が降り，太平洋側は乾燥している。西高東低の気圧配置になる。

3 (1) 小笠原気団は，あたたかくて湿っており，夏の日本の天気に影響を与える。

(2) 台風の中心に向かって直線をひくと，それより時計まわりにずれた方向から風が吹きこむ。

4 台風や豪雨による災害は，一方では豊富な水資源をもたらす。

Step 2 解答	p.104 ～ p.105

1 (1) ウ→ア→エ→イ　(2) ウ

2 (1) 冬　(2) ① 乾燥　② 上　③ 高
(3) ① 温度　② 雲　③ 雪

3 (1) 小笠原気団　(2) 海洋側　(3) 季節風
(4) ア　(5) エ　(6) 南高北低

4 (1) イ　(2) 偏西風　(3) エ

解説

1 (1) 日本付近を通る低気圧は，日本の上空を吹いている偏西風によって，西から東へ移動する。

(2) 高気圧におおわれているときである。

2 シベリア気団から吹く風が，日本海の上を通るとき

に水蒸気を含み，湿度が上がる。その風が日本列島の山脈にあたって上昇して雲を生じ，日本海側に雪を降らせる。

3 夏，太平洋上で発達する小笠原気団によって，あたたかく湿った風が日本列島に向かって吹く。その風が日本列島の山脈をこえると，乾いた熱風となり日本海側に異常高温をもたらす。

4 (1) 台風は，最大風速が 17.2 m/s 以上の熱帯低気圧で，前線をともなわない。激しい上昇気流を生じ，鉛直方向に発達した積乱雲が分布している。気圧の低下により発生する災害は高潮である。

(2) 中緯度帯の上空を 1 年中吹く西よりの風を偏西風とよぶ。

(3) 小笠原気団は夏，シベリア気団は冬に発達する。小笠原気団がおとろえるので，台風が日本に近づく。

Step 3 ② 解答　　　　p.106 ～ p.107

1 (1) オ　(2) イ

2 (1) a－湿度　b－気温　c－気圧

(2) 寒冷前線

(3) 天気－(にわか)雨
　　風向の変化－北よりになる。

(4) 積乱雲

3 (1) a－冬　b－夏　c－春　d－秋

(2) 夏－小笠原気団，あたたかくて湿っている。
　　冬－シベリア気団，冷たくて乾燥している。

4 (1) 冬　(2) シベリア気団　(3) 積乱雲

(4) A－高気圧
　　B－高気圧

(5) 右図

(6) (例)晴れていて，気温と湿度はともに高い。

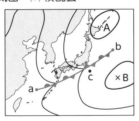

解説

1 (1) 午前 3 時～午前 9 時までの間に前線が西から東へ移動するので，風向に注目して考える。C 点では前線の通過後は北西の風になる。

2 (2) 気温は 14 時ごろに最高になるが，その後急激に下がっている。これは寒冷前線の通過があったためと考えられる。

3 (1) a は西高東低の気圧配置，b は南高北低の気圧配置，c は移動性高気圧，d は台風から季節を考える。

---

4 (4) オホーツク海気団(高気圧)と小笠原気団(高気圧)の間の気圧の谷に停滞前線が生じる。

(6) 停滞前線の雨の範囲は寒気団側(北側)である。

総仕上げテスト①

解答　　　　　　　　　　　　p.108 ～ p.109

❶ (1) 右図

(2) ① 2 倍　② 半分($\frac{1}{2}$ 倍)

(3) 10 Ω

❷ (1) ウ

(2) ① リンパ管　② 胆汁

❸ (1) ウ

(2) 停滞前線

(3) ① 1004 hPa　② 右図
　　③ 22 ℃

❹ (1) 用いるもの－塩化コバルト紙
　　青(色から)赤(色に変化する。)

(2) 黄色

(3) 1.59 g

解説

❶ (2) 回路 A の抵抗…3.0 V÷0.15 A＝20 Ω
　　回路 B の抵抗…3.0 V÷0.075 A＝40 Ω
　　回路 C の抵抗…3.0 V÷0.3 A＝10 Ω

(3) 20 Ω の抵抗を流れる電流…3.0 V÷20 Ω＝0.15 A
　　並列回路なので，まちがえてつないだ抵抗には，0.45－0.15＝0.3〔A〕 の電流が流れる。電圧は同じなので，抵抗は，3.0 V÷0.3 A＝10 Ω

❷ (2) リンパ管で吸収されるのは脂肪で，分解する消化酵素はすい臓でつくられるリパーゼである。また，脂肪の分解を助ける性質をもつものは，肝臓でつくられ，胆のうで貯蔵される胆汁である。

❸ (2) 北の高気圧の寒気団と，南の高気圧の暖気団にはさまれてできるのが停滞前線である。

(3) ③水蒸気は 24.4×0.70＝17.08 → 17.1〔g〕　17.1 g が 88 ％にあたるので，このときの飽和水蒸気量は，
　　17.1÷0.88＝19.43… → 19.4〔g〕　よって気温は 22 ℃である。

❹ (3) 最初の実験で用いた炭酸水素ナトリウムは，
　　0.18＋1.06＋0.44＝1.68〔g〕 である。
　　生じる炭酸ナトリウムを x g とすると，
　　1.68：1.06＝2.52：x　x＝1.59〔g〕

☆24

総仕上げテスト②

解答	p.110～p.112

❶ (1)① 6 V ② 10 Ω (2)① イ ② イ，ウ
(3) **810 Pa**

❷ (1) **1.05 g** (2) **8.38 g** (3) **NaCl**
(4) $NaHCO_3＋HCl$
$\longrightarrow NaCl＋H_2O＋CO_2$
(5) **分解**
(6) $2NaHCO_3 \longrightarrow Na_2CO_3＋H_2O＋CO_2$
(7) **5.25 g**

❸ (1) 等圧線 B→C→A (2)ア (3)イ
❹ (1) **1200 N/m²** (2)**18 N**
(3) **253 個**
❺ (1)ウ (2)C，D
(3)B－ウ→イ→エ→イ→オ C－ウ→イ→オ

解説

❶ (1)②抵抗Cにかかる電圧は10V，流れる電流は
1Aより，10V÷1A＝10Ω
(2)①コイルに流れる電流の向きに，右ねじの法則
をあてはめる。
(3) 2つの物体の密度は等しいので，直方体の質量は
立方体の質量の4倍である。直方体の底面積は
立方体の底面積の4倍なので，2つの物体の床に
加える圧力の大きさは等しくなる。

❷ (2) A～Dまでは炭酸水素ナトリウムが2.00 g増え
るにしたがって，二酸化炭素の発生量は1.05 g
ずつ増えているが，DからEでは0.20 gしか増
えていない。よって，この間で塩酸がすべて反
応したことになる。二酸化炭素が0.20 g発生し
たときの炭酸水素ナトリウムの質量をxgとする
と，
2.00：1.05＝x：0.20
x＝0.380…→ 0.38 g 8＋0.38＝8.38〔g〕
(7) $NaHCO_3＋HCl$
$\longrightarrow NaCl＋H_2O＋CO_2$ ……①
$2NaHCO_3 \longrightarrow Na_2CO_3＋H_2O＋CO_2$ ……②
②の式より，2倍の炭酸水素ナトリウムで同じ
量の二酸化炭素が発生する。炭酸水素ナトリウ
ムの分解では，2.00 gの2倍の4.00 gで1.05 g
の二酸化炭素が発生することになる。よって，
20.00÷4.00×1.05＝5.25〔g〕

❸ (3) 寒冷前線が通過するので，まず南よりの風から

北よりの風に変わり天気は悪くなるが，回復は
はやい。

❹ (1) 圧力〔N/m²〕＝力の大きさ〔N〕÷面積〔m²〕
50 cm²＝0.005 m²，6.0 N÷0.005 m²＝1200 N/m²
(2) 容器全体の重さをx Nとすると，
x÷0.015＝1200より，x＝18〔N〕
(3) 1012 hPa＝101200 N/m²，積み重ねた重さをy N
とすると，y÷0.015＝101200より，y＝1518〔N〕
1518÷6＝253〔個〕

❺ (3) Bは脳で冷たさを確認しているので，皮膚から
一度脳を通って筋肉に伝わる。Cは反射の例な
ので，皮膚→脊髄→筋肉という経路をたどる。

22